Coltivare gli Agrumi

Guida Completa e Tecniche Pratiche per Crescere Limoni, Arance e Altri Agrumi in Terra e in Vaso

Indice

I. Introduzione agli Agrumi: Varietà e Benefici 11
1. Le Caratteristiche Principali degli Agrumi 11
2. Limoni, Arance e Mandarini: Differenze e Utilizzi 14
3. I Benefici della Coltivazione Domestica 17
4. Agrumi in Vaso e in Terra: Vantaggi e Limiti 19
5. Errori Comuni dei Principianti 22
6. Organizzare la Coltivazione in Modo Efficace 25

II. Quali Agrumi Scegliere: Guida alla Scelta delle Varietà per Clima e Spazio 29
1. Scegliere le Varietà Più Resistenti 29
2. Agrumi Ideali per Balconi e Terrazzi 31
3. Coltivazione in Zone Calde e Fredde 34
4. Varietà Nane e Compatte per Interni 36
5. Come Acquistare Piante di Qualità 39
6. Pianificare lo Spazio di Coltivazione 41

III. Preparare il Terreno e il Vaso: Condizioni Ottimali per la Coltivazione 45
1. Le Caratteristiche del Terreno Ideale 45
2. Scegliere il Vaso Corretto 47
3. Drenaggio e Gestione dell'Umidità 50
4. Preparare un Terriccio Bilanciato 53
5. Posizionare Correttamente le Piante 55
6. Errori da Evitare nella Preparazione 58

IV. Semina e Trapianto: Come Iniziare a Coltivare gli Agrumi 63
1. Coltivare Agrumi da Semi 63
2. Quando Effettuare il Trapianto 65
3. Tecniche di Trapianto Sicure 68
4. Favorire l'Attecchimento delle Piante 71
5. Gestire le Prime Fasi di Crescita 74
6. Problemi Comuni Dopo il Trapianto 77

V. Esposizione Solare e Irrigazione: Fattori Chiave per la Crescita 81

    1. L'Importanza della Luce Solare...81
    2. Come Esporre gli Agrumi Correttamente...84
    3. Irrigazione in Estate e in Inverno..86
    4. Riconoscere Carenze e Eccessi d'Acqua...89
    5. Tecniche per Mantenere il Terreno Equilibrato...92
    6. Gestire il Microclima della Pianta..94

VI. Concimazione e Nutrizione: Come Alimentare gli Agrumi.......99

    1. I Nutrienti Essenziali per gli Agrumi...99
    2. Concimi Naturali e Concimi Specifici..101
    3. Quando Concimare le Piante...104
    4. Correggere Carenze Nutritive Comuni...107
    5. Nutrizione delle Piante in Vaso...109
    6. Errori Frequenti nella Concimazione..112

VII. Potatura e Cura delle Piante: Promuovere la Salute e la Fruttificazione...115

    1. Perché Potare gli Agrumi...115
    2. Tecniche di Potatura Base...117
    3. Eliminare Rami Secchi e Deboli..120
    4. Favorire la Produzione dei Frutti...122
    5. Gestire la Forma della Pianta..125
    6. Cura Ordinaria Durante l'Anno...128

VIII. Protezione dalle Malattie e Parassiti: Prevenzione e Rimedi.131

    1. I Problemi Più Comuni degli Agrumi...131
    2. Afidi, Cocciniglia e Altri Parassiti..133
    3. Prevenire Muffe e Marciumi...136
    4. Rimedi Naturali e Trattamenti Utili..139
    5. Monitorare la Salute delle Piante...141
    6. Intervenire Rapidamente nei Casi Critici..144

IX. Coltivazione degli Agrumi in Casa e in Serre............................147

    1. Coltivare Agrumi in Appartamento...147
    2. Gestire Temperatura e Umidità...150
    3. Illuminazione per Ambienti Interni...152
    4. Utilizzare Piccole Serre Domestiche...155

5. Spostare le Piante nelle Diverse Stagioni..157

6. Evitare Stress e Blocchi di Crescita..160

X. Raccolta e Conservazione: Quando e Come Raccogliere gli Agrumi..163

1. Riconoscere il Momento della Raccolta...163

2. Tecniche di Raccolta Sicure..165

3. Conservare Correttamente i Frutti..168

4. Utilizzare gli Agrumi Freschi in Casa..170

5. Preparare i Frutti per il Trasporto...173

6. Migliorare Progressivamente la Produzione..175

🎁 **Alla fine di questo libro troverai un regalo esclusivo!**

Coltivare gli Agrumi

Guida Completa e Tecniche Pratiche per Crescere Limoni, Arance e Altri Agrumi in Terra e in Vaso

I. Introduzione agli Agrumi: Varietà e Benefici

1. Le Caratteristiche Principali degli Agrumi

Gli agrumi sono piante appartenenti alla famiglia delle **Rutaceae**, apprezzate sia per la produzione di frutti sia per il valore ornamentale. Limoni, arance, mandarini, pompelmi e cedri condividono molte caratteristiche comuni, ma presentano anche differenze importanti che influenzano la coltivazione, la crescita e la gestione quotidiana. Comprendere il funzionamento di queste piante è fondamentale per ottenere risultati concreti, soprattutto quando si coltivano in vaso, su balconi o in piccoli giardini domestici.

Una delle caratteristiche principali degli agrumi è la loro sensibilità al clima. La maggior parte delle varietà preferisce temperature comprese tra **15°C** e **30°C**, con esposizioni luminose molto intense e ambienti ben ventilati. Temperature troppo basse possono rallentare la crescita, mentre gelate prolungate possono danneggiare foglie, rami e radici. Per questo motivo, nelle zone più fredde è spesso necessario coltivare gli agrumi in vaso, così da poter spostare le piante in aree protette durante l'inverno.

Gli agrumi hanno un apparato radicale relativamente delicato e soffrono particolarmente i ristagni idrici. Un terreno troppo compatto o costantemente bagnato favorisce marciumi radicali e indebolimento generale della pianta. Per ottenere una crescita sana è necessario utilizzare substrati drenanti e contenitori con fori adeguati sul fondo. Anche la scelta del vaso incide molto sullo sviluppo della pianta: un contenitore troppo piccolo limita la crescita delle radici, mentre uno eccessivamente grande può trattenere troppa umidità.

Dal punto di vista estetico, gli agrumi sono piante sempreverdi. Questo significa che mantengono le foglie durante tutto l'anno, offrendo un aspetto decorativo costante anche nei mesi più freddi. Le foglie sane devono avere un colore verde intenso e una superficie compatta. Foglie ingiallite, arricciate o macchiate possono indicare problemi di irrigazione, carenze nutritive o presenza di parassiti.

Un altro aspetto importante riguarda la produzione dei frutti. Gli agrumi richiedono pazienza e continuità nelle cure. Molte varietà iniziano a produrre in modo stabile dopo alcuni anni, soprattutto se coltivate da seme. Le piante acquistate già innestate, invece, permettono generalmente di ottenere frutti più velocemente e con maggiore qualità produttiva.

Caratteristiche operative fondamentali degli agrumi:

- **Esposizione luminosa:** necessitano di almeno **6-8 ore** di sole diretto al giorno

- **Terreno drenante:** il substrato deve evitare accumuli d'acqua vicino alle radici

- **Temperature controllate:** sotto i **5°C** alcune varietà iniziano a soffrire

- **Irrigazione equilibrata:** il terreno deve restare leggermente umido ma mai fradicio

- **Crescita graduale:** gli agrumi sviluppano lentamente struttura e produzione

- **Potatura moderata:** interventi troppo aggressivi possono ridurre la fruttificazione

- **Ventilazione adeguata:** ambienti troppo chiusi favoriscono muffe e parassiti

Dal punto di vista pratico, uno degli errori più frequenti consiste nel trattare gli agrumi come normali piante decorative. In realtà, richiedono controlli costanti, soprattutto durante i cambi di stagione. È importante osservare regolarmente foglie, terreno e nuovi germogli per individuare rapidamente eventuali problemi. Una pianta controllata con continuità è molto più semplice da gestire rispetto a una trascurata per settimane.

Anche la posizione iniziale della pianta influisce enormemente sulla crescita futura. Collocare subito l'agrume in un'area luminosa, protetta dal vento forte e con una buona circolazione dell'aria permette di ridurre molti problemi comuni. Nelle coltivazioni domestiche, spesso bastano poche attenzioni corrette per ottenere piante sane, produttive e capaci di durare molti anni.

2. Limoni, Arance e Mandarini: Differenze e Utilizzi

Tra gli agrumi più coltivati e apprezzati si trovano limoni, arance e mandarini. Sebbene appartengano alla stessa famiglia botanica, queste piante presentano differenze importanti legate alla crescita, alla resistenza climatica, alla produzione dei frutti e alle esigenze di coltivazione. Comprendere queste caratteristiche permette di scegliere la varietà più adatta al proprio ambiente e di gestire le piante in modo più efficace, evitando errori frequenti soprattutto nelle prime esperienze di coltivazione domestica.

Il limone è probabilmente l'agrume più diffuso nella **coltivazione in vaso**. Ha una crescita relativamente rapida, produce frutti in diversi periodi dell'anno e si adatta bene a balconi, terrazzi e piccoli giardini. Tuttavia, è anche una delle varietà più sensibili al freddo intenso. Temperature inferiori a **3-5°C** possono creare danni significativi, specialmente nelle piante giovani. Per questo motivo, nelle zone con inverni rigidi è consigliabile utilizzare vasi facilmente spostabili e proteggere la pianta durante i mesi più freddi.

L'arancio richiede generalmente più spazio rispetto al limone e sviluppa una chioma più ampia e ordinata. Produce frutti molto apprezzati per il consumo fresco e necessita di **esposizione luminosa** costante per maturare correttamente. Rispetto al limone, alcune varietà di arancio tollerano leggermente meglio il freddo, ma soffrono comunque gelate prolungate e vento intenso. La coltivazione in piena terra risulta spesso più adatta per ottenere produzioni abbondanti e una crescita stabile nel tempo.

Il mandarino si distingue invece per le dimensioni generalmente più compatte e per la buona adattabilità agli spazi ridotti. Produce frutti più piccoli e facili da sbucciare, caratteristica che lo rende molto apprezzato anche nelle coltivazioni familiari. Alcune varietà di mandarino mostrano una resistenza al freddo leggermente superiore rispetto ad altri agrumi, rendendole interessanti per aree climatiche meno favorevoli.

Oltre alle differenze strutturali, cambia anche l'utilizzo pratico dei frutti. I limoni vengono spesso utilizzati in cucina, per bevande, conserve e preparazioni quotidiane. Le arance sono maggiormente destinate al consumo diretto e alla produzione di succhi, mentre i mandarini risultano particolarmente pratici come frutto da tavola grazie alla facilità di consumo.

Dal punto di vista operativo, la scelta iniziale della varietà influenza tutto il lavoro futuro. Una pianta inadatta al clima locale richiederà maggiori protezioni, più controlli e interventi continui. Al contrario, scegliere varietà compatibili con temperatura, spazio disponibile ed esposizione semplifica notevolmente la gestione della coltivazione.

Differenze pratiche tra i principali agrumi:

- **Limone:** crescita veloce, produzione frequente e buona adattabilità alla coltivazione in vaso

- **Arancio:** necessita di più spazio e di esposizioni molto luminose

- **Mandarino:** pianta compatta e generalmente più semplice da gestire

- **Sensibilità climatica:** i limoni soffrono maggiormente il freddo intenso

- **Produzione dei frutti:** gli aranci richiedono spesso tempi più lunghi per maturare

- **Gestione in terrazzo:** mandarini e limoni risultano più pratici per piccoli spazi

- **Utilizzo domestico:** ogni varietà offre impieghi differenti in cucina e conservazione

Per chi inizia, è spesso consigliabile partire con un limone o con un mandarino compatto, poiché permettono di osservare più facilmente la crescita della pianta e di intervenire rapidamente in caso di problemi. Inoltre, molte varietà moderne **innestate** sono progettate proprio per la coltivazione domestica e mantengono dimensioni più gestibili rispetto agli agrumi tradizionali coltivati in piena terra.

Scegliere correttamente la varietà fin dall'inizio rende la coltivazione molto più semplice, stabile e produttiva nel lungo periodo, soprattutto quando si dispone di poco spazio o si coltiva in ambienti urbani.

3. I Benefici della Coltivazione Domestica

Coltivare agrumi in casa, sul balcone o in giardino offre numerosi vantaggi pratici oltre alla semplice produzione di frutti. Negli ultimi anni molte persone hanno iniziato ad avvicinarsi alla coltivazione domestica non solo per motivi estetici, ma anche per ottenere prodotti freschi, ridurre gli sprechi e imparare una gestione più consapevole delle piante. Gli agrumi, grazie alla loro adattabilità e al loro valore ornamentale, rappresentano una delle scelte più interessanti per chi desidera iniziare una coltivazione semplice ma produttiva.

Uno dei principali benefici riguarda la disponibilità di frutti freschi direttamente a casa. Anche una singola pianta ben gestita può produrre quantità utili di limoni, mandarini o arance da utilizzare quotidianamente in cucina. Questo permette di avere prodotti raccolti al momento giusto, spesso più profumati e saporiti rispetto a quelli conservati a lungo nella distribuzione commerciale.

Dal punto di vista pratico, la **coltivazione domestica** consente anche di controllare meglio **irrigazione**, fertilizzazione e trattamenti utilizzati sulla pianta. Chi coltiva personalmente può limitare l'uso di prodotti aggressivi e monitorare direttamente lo stato di salute dell'agrume. Questo aspetto è particolarmente importante nelle coltivazioni familiari destinate al consumo diretto.

Gli agrumi offrono inoltre un importante valore decorativo. Le **foglie sempreverdi**, i fiori profumati e i frutti colorati rendono queste piante adatte anche come elemento ornamentale per terrazzi, balconi e piccoli spazi esterni. Alcune varietà compatte vengono coltivate con successo persino in appartamento, purché sia garantita una buona **esposizione luminosa** durante tutto l'anno.

Un altro vantaggio spesso sottovalutato riguarda l'aspetto educativo e pratico della coltivazione. Gestire una pianta di agrumi aiuta a comprendere meglio i **cicli stagionali**, l'importanza della **manutenzione costante** e il rapporto tra ambiente, irrigazione e crescita vegetale. Anche piccoli interventi regolari, come controllare il terreno o osservare le foglie, permettono di sviluppare maggiore esperienza nella cura delle piante.

Dal punto di vista economico, la coltivazione domestica non sostituisce completamente l'acquisto di agrumi, ma può ridurre parte delle spese nel tempo, soprattutto nelle produzioni continue come quelle del limone. Inoltre, una pianta ben mantenuta può restare produttiva per molti anni senza richiedere investimenti elevati dopo la fase iniziale di acquisto e sistemazione.

Benefici pratici della coltivazione domestica degli agrumi:

- **Frutti freschi:** raccolta diretta e utilizzo immediato in cucina

- **Controllo della coltivazione:** gestione più precisa di acqua, terreno e concimazione

- **Valore ornamentale:** piante decorative durante tutto l'anno

- **Adattabilità degli spazi:** possibilità di coltivare anche su balconi e terrazzi

- **Esperienza pratica:** sviluppo graduale di competenze nella cura delle piante

- **Riduzione degli sprechi:** raccolta dei frutti solo quando necessario

- **Durata nel tempo:** una pianta sana può produrre per molti anni

Per ottenere benefici concreti è importante iniziare con obiettivi realistici. Una delle situazioni più comuni tra i principianti è aspettarsi produzioni abbondanti già nei primi mesi. In realtà, gli agrumi richiedono tempo, stabilità ambientale e cure costanti. Concentrarsi inizialmente sulla salute generale della pianta permette di costruire basi molto più solide per la futura produzione dei frutti.

Anche scegliere varietà compatte o già adattate alla **coltivazione in vaso** può semplificare notevolmente la gestione quotidiana. Con poche attenzioni regolari e una buona esposizione alla luce, gli agrumi domestici riescono spesso a offrire risultati soddisfacenti anche in spazi ridotti e contesti urbani.

4. Agrumi in Vaso e in Terra: Vantaggi e Limiti

La coltivazione degli agrumi può essere effettuata sia in piena terra sia in vaso, ma le due soluzioni presentano differenze importanti che influenzano crescita, manutenzione e produttività della pianta. La scelta dipende principalmente dal clima, dallo spazio disponibile e dal tempo che si è disposti a dedicare alla gestione quotidiana. Comprendere vantaggi e limiti di entrambe le modalità permette di evitare errori frequenti e di organizzare la coltivazione in modo più efficace fin dall'inizio.

La coltivazione in **piena terra** è generalmente la soluzione migliore per ottenere piante più grandi, robuste e produttive. Le radici possono espandersi liberamente nel terreno, assorbendo acqua e nutrienti in modo più stabile. Questo favorisce uno sviluppo vegetativo più naturale e una produzione di frutti spesso più abbondante nel corso degli anni. Tuttavia, questa modalità richiede condizioni climatiche favorevoli, soprattutto in inverno. In aree soggette a gelate frequenti, molte varietà di agrumi rischiano di subire danni importanti.

Gli agrumi coltivati in terra necessitano inoltre di una corretta preparazione iniziale del terreno. Un suolo troppo compatto o scarsamente drenante può creare problemi alle radici e compromettere la salute della pianta. Prima della messa a dimora è utile verificare la presenza di un buon **drenaggio**, evitando zone soggette a ristagni d'acqua dopo piogge abbondanti.

La **coltivazione in vaso**, invece, offre una maggiore flessibilità. Le piante possono essere spostate facilmente in base alla stagione, proteggendole dal freddo intenso o da condizioni climatiche sfavorevoli. Questa soluzione è particolarmente indicata per balconi, terrazzi e piccoli spazi urbani dove non è disponibile un giardino.

Uno dei principali vantaggi del vaso riguarda il controllo diretto della pianta. È più semplice monitorare terreno, irrigazione e stato generale delle radici. Inoltre, eventuali problemi di parassiti o malattie risultano spesso più gestibili rispetto alle coltivazioni in piena terra. Tuttavia, le piante in vaso richiedono controlli più frequenti, soprattutto durante l'estate, poiché il terreno tende ad asciugarsi rapidamente.

Anche la scelta del contenitore influisce molto sulla crescita. Un vaso troppo piccolo limita lo sviluppo radicale e può rallentare la produzione dei frutti. In generale, è consigliabile utilizzare contenitori progressivamente più grandi nel corso degli anni, evitando però aumenti eccessivi di dimensione in un solo passaggio.

Differenze pratiche tra coltivazione in vaso e in terra:

- **Piena terra:** favorisce crescita ampia e produzioni più abbondanti

- **Coltivazione in vaso:** permette di spostare facilmente le piante

- **Drenaggio:** fondamentale in entrambe le modalità di coltivazione

- **Controllo dell'irrigazione:** più semplice nei vasi ma richiede maggiore frequenza

- **Protezione dal freddo:** più gestibile con piante coltivate in contenitore

- **Sviluppo radicale:** più libero e naturale nelle coltivazioni in terra

- **Gestione degli spazi:** il vaso è ideale per terrazzi e ambienti urbani

Dal punto di vista operativo, chi vive in zone dal clima mite può ottenere ottimi risultati con la coltivazione in piena terra, soprattutto utilizzando varietà adatte all'ambiente locale. Al contrario, nelle aree più fredde o con inverni instabili, il vaso rappresenta spesso la scelta più sicura e pratica.

Per molti principianti, iniziare con la **coltivazione in vaso** può risultare più semplice perché consente di intervenire rapidamente in caso di problemi e di acquisire esperienza gradualmente. Con il tempo, sarà possibile valutare se mantenere le piante in contenitore o trasferirle stabilmente in terra in condizioni climatiche favorevoli.

5. Errori Comuni dei Principianti

La coltivazione degli agrumi può offrire ottimi risultati anche a chi ha poca esperienza, ma molti problemi nascono da errori semplici e ripetuti nel tempo. Spesso i principianti tendono a sottovalutare alcune esigenze fondamentali della pianta oppure intervengono in modo eccessivo, causando squilibri che rallentano crescita e produzione. Comprendere gli errori più frequenti permette di prevenire danni inutili e di gestire gli agrumi in maniera più stabile e produttiva.

Uno degli sbagli più comuni riguarda l'**eccesso di acqua**. Molti pensano che irrigare frequentemente favorisca una crescita più veloce, ma gli agrumi soffrono molto i **ristagni idrici**. Un terreno costantemente bagnato riduce l'ossigenazione delle radici e può provocare marciumi difficili da recuperare. È sempre preferibile controllare il terreno prima di annaffiare, verificando che gli strati superficiali siano leggermente asciutti.

Anche la scelta sbagliata della posizione crea numerosi problemi. Gli agrumi necessitano di molta luce e di una buona **esposizione solare** durante la giornata. Collocare la pianta in zone troppo ombreggiate o chiuse rallenta la crescita, indebolisce la vegetazione e riduce la futura produzione dei frutti. Nei balconi molto esposti al vento, invece, è utile proteggere le piante con barriere leggere o posizionamenti più riparati.

Un altro errore frequente consiste nell'utilizzare vasi inadatti. Contenitori troppo piccoli limitano lo sviluppo dell'**apparato radicale**, mentre vasi senza fori di scarico favoriscono accumuli d'acqua molto pericolosi. Anche il terriccio ha un ruolo fondamentale: substrati troppo compatti peggiorano il **drenaggio** e trattengono eccessiva umidità vicino alle radici.

Molti principianti commettono inoltre l'errore di concimare eccessivamente la pianta nel tentativo di accelerare la produzione. Un surplus di **fertilizzanti** può causare crescita squilibrata, foglie deboli e maggiore sensibilità a malattie e parassiti. Gli agrumi richiedono una **concimazione equilibrata**, distribuita nei periodi corretti e adattata allo stato della pianta.

Dal punto di vista pratico, anche la mancanza di controlli regolari rappresenta un problema molto diffuso. Foglie ingiallite, macchie o presenza di insetti vengono spesso ignorati nelle fasi iniziali, permettendo ai problemi di peggiorare rapidamente. Osservare frequentemente foglie, rami e terreno aiuta invece a intervenire tempestivamente con maggiore efficacia.

Errori più comuni nella coltivazione degli agrumi:

- **Irrigazione eccessiva:** provoca ristagni e possibili marciumi radicali

- **Scarsa esposizione luminosa:** rallenta crescita e produzione dei frutti

- **Vasi inadatti:** limitano sviluppo e drenaggio corretto

- **Terriccio troppo compatto:** trattiene troppa umidità vicino alle radici

- **Concimazione eccessiva:** crea squilibri vegetativi e indebolisce la pianta

- **Controlli insufficienti:** favoriscono diffusione di malattie e parassiti

- **Protezione invernale assente:** espone le piante a danni da freddo

Un altro comportamento poco utile consiste nello spostare continuamente la pianta da una posizione all'altra. Gli agrumi preferiscono ambienti abbastanza stabili e possono reagire negativamente a cambi frequenti di temperatura, luce o ventilazione. Anche durante l'inverno è importante evitare sbalzi termici troppo improvvisi quando si trasferiscono le piante all'interno di ambienti protetti.

Per chi è alle prime esperienze, la soluzione migliore consiste nel mantenere una gestione semplice e regolare. Controlli frequenti, irrigazioni moderate e una buona **ventilazione** permettono spesso di evitare gran parte dei problemi più comuni. Con il tempo, l'osservazione costante della pianta aiuterà a comprendere meglio le sue esigenze reali e a migliorare progressivamente la coltivazione.

6. Organizzare la Coltivazione in Modo Efficace

Una buona organizzazione è uno degli aspetti più importanti nella coltivazione degli agrumi. Molti problemi nascono non tanto dalla difficoltà della pianta, quanto da una gestione poco costante o disordinata. Pianificare correttamente spazi, irrigazione, esposizione e manutenzione permette di semplificare il lavoro quotidiano e di mantenere le piante più sane nel lungo periodo. Anche in piccoli balconi o terrazzi, una coltivazione ben organizzata consente di ottenere risultati soddisfacenti senza interventi complicati.

Il primo aspetto da valutare riguarda lo spazio disponibile. Gli agrumi necessitano di una buona **esposizione luminosa** e di una corretta **circolazione dell'aria**. Sistemare i vasi troppo vicini tra loro riduce ventilazione e penetrazione della luce, aumentando il rischio di umidità e di **malattie fungine**. È consigliabile lasciare sempre una distanza adeguata tra le piante, soprattutto quando iniziano a sviluppare una chioma più ampia.

Anche la scelta della posizione deve essere fatta con attenzione. Gli agrumi preferiscono ambienti luminosi, riparati dal vento forte e con temperature abbastanza stabili. Prima di acquistare nuove piante è utile osservare per alcuni giorni quali aree del balcone o del giardino ricevono più sole durante la giornata. Questo semplice controllo aiuta a evitare successivi spostamenti continui, che possono creare **stress vegetativo** e rallentare la crescita.

Dal punto di vista pratico, organizzare una **routine di controllo** regolare rende la coltivazione molto più semplice. Controllare settimanalmente terreno, foglie e stato generale della pianta permette di individuare rapidamente eventuali problemi. Piccoli segnali come foglie ingiallite, crescita rallentata o terreno troppo compatto diventano più facili da correggere se individuati nelle fasi iniziali.

Un altro elemento importante riguarda la gestione **dell'irrigazione**. Annaffiare in modo casuale o senza verificare l'**umidità del terreno** è uno degli errori più frequenti tra i principianti. Durante i mesi più caldi può essere utile stabilire orari regolari di controllo, preferibilmente al mattino presto o alla sera, evitando irrigazioni nelle ore più calde della giornata. Questo aiuta a limitare evaporazione e sprechi d'acqua.

Anche gli strumenti utilizzati incidono sull'organizzazione generale della coltivazione. Utilizzare sottovasi adeguati, contenitori resistenti e **terricci di qualità** aiuta a ridurre molti problemi futuri. Tenere a disposizione forbici pulite, guanti e materiali per il controllo dei parassiti permette inoltre di intervenire rapidamente quando necessario.

Elementi fondamentali per organizzare la coltivazione degli agrumi:

- **Esposizione solare:** scegliere aree luminose e ben ventilate

- **Distanza tra le piante:** evitare accumuli eccessivi di umidità

- **Routine di controllo:** osservare regolarmente foglie e terreno

- **Irrigazione programmata:** controllare sempre il livello di umidità

- **Gestione degli spazi:** utilizzare vasi adatti alla crescita futura

- **Attrezzatura essenziale:** mantenere strumenti semplici ma funzionali

- **Protezione stagionale:** organizzare coperture o spostamenti in inverno

Nelle coltivazioni domestiche è utile anche procedere gradualmente. Inserire troppe piante contemporaneamente può rendere difficile la gestione, soprattutto nelle prime esperienze. Iniziare con uno o due agrumi permette di comprendere meglio le esigenze della coltivazione e di costruire una routine stabile senza sovraccaricare spazio e manutenzione.

Con il tempo, una gestione ordinata e regolare riduce notevolmente gli interventi correttivi e rende la coltivazione più semplice, produttiva e piacevole anche per chi dispone di poco tempo durante la settimana.

II. Quali Agrumi Scegliere: Guida alla Scelta delle Varietà per Clima e Spazio

1. Scegliere le Varietà Più Resistenti

La scelta della varietà è uno degli aspetti più importanti nella coltivazione degli agrumi. Molti problemi legati a crescita lenta, danni climatici o scarsa produzione dipendono proprio dall'utilizzo di piante poco adatte all'ambiente disponibile. Selezionare varietà resistenti permette di ridurre interventi correttivi, semplificare la gestione quotidiana e aumentare le probabilità di ottenere piante sane e produttive nel tempo.

Prima di acquistare un agrume è fondamentale valutare il **clima locale**. Alcune varietà tollerano meglio il freddo, mentre altre richiedono temperature miti durante tutto l'anno. Nelle zone con inverni rigidi è preferibile orientarsi verso varietà più resistenti oppure scegliere piante adatte alla **coltivazione in vaso**, così da poterle spostare in aree protette nei periodi più freddi.

Anche l'esposizione disponibile influisce molto sulla scelta. Gli agrumi necessitano generalmente di una buona **esposizione solare**, ma alcune varietà compatte riescono ad adattarsi meglio a balconi o terrazzi con luce meno intensa durante parte della giornata. In spazi urbani ridotti, scegliere piante troppo grandi può rendere difficile la gestione della chioma, dell'irrigazione e dei futuri rinvasi.

Tra le varietà considerate più semplici da coltivare si trovano spesso il limone quattro stagioni, alcuni mandarini resistenti e determinate tipologie di kumquat. Queste piante tendono ad adattarsi meglio a diverse condizioni ambientali e richiedono generalmente una manutenzione meno complessa rispetto ad agrumi più delicati o tropicali.

Dal punto di vista pratico, è importante controllare anche il tipo di innesto utilizzato. Le piante **innestate** risultano spesso più robuste, produttive e veloci nella crescita rispetto a quelle ottenute da seme. Inoltre, alcuni portainnesti migliorano la resistenza al freddo, ai parassiti o ai terreni meno favorevoli. Informarsi su queste caratteristiche prima dell'acquisto aiuta a evitare errori costosi nel lungo periodo.

Un altro elemento da considerare riguarda la futura manutenzione. Alcune varietà sviluppano una crescita molto vigorosa e richiedono potature più frequenti, mentre altre mantengono dimensioni più contenute e risultano più facili da gestire in ambienti domestici. Per chi ha poca esperienza, scegliere varietà compatte e resistenti rappresenta spesso la soluzione più efficace.

Caratteristiche utili per scegliere varietà resistenti:

- **Clima compatibile:** scegliere varietà adatte alle temperature locali

- **Resistenza al freddo:** importante nelle aree soggette a gelate

- **Coltivazione in vaso:** utile per spostare le piante nei mesi freddi

- **Esposizione solare:** verificare quantità di luce disponibile

- **Piante innestate:** generalmente più robuste e produttive

- **Gestione della crescita:** preferire varietà compatte per piccoli spazi

- **Adattabilità ambientale:** alcune varietà tollerano meglio errori iniziali

Molti principianti acquistano gli agrumi basandosi esclusivamente sull'aspetto estetico dei frutti o della pianta. In realtà, una varietà molto bella ma inadatta al clima locale può richiedere cure continue e risultati spesso deludenti. Valutare correttamente resistenza, spazio disponibile e facilità di gestione permette invece di costruire una coltivazione più stabile e sostenibile nel tempo.

Scegliere varietà robuste fin dall'inizio aiuta inoltre a sviluppare esperienza con maggiore tranquillità, riducendo stress, problemi frequenti e interventi complessi durante le prime fasi della coltivazione domestica.

2. Agrumi Ideali per Balconi e Terrazzi

Coltivare agrumi su balconi e terrazzi è una soluzione sempre più diffusa, soprattutto nelle aree urbane dove lo spazio disponibile è limitato. Molte varietà riescono infatti ad adattarsi bene alla **coltivazione in vaso**, mantenendo dimensioni gestibili e una buona produzione di frutti anche in ambienti ridotti. Tuttavia, non tutti gli agrumi sono adatti agli spazi domestici: scegliere varietà compatte e semplici da gestire permette di ottenere risultati migliori con minore manutenzione.

Uno degli aspetti più importanti riguarda la dimensione finale della pianta. Alcuni agrumi sviluppano rapidamente una chioma molto ampia e un apparato radicale esteso, rendendo difficile la gestione in balconi piccoli. Per questo motivo, nelle coltivazioni domestiche vengono spesso preferite varietà nane o a crescita moderata, più semplici da contenere attraverso potature leggere e rinvasi periodici.

Tra gli agrumi più indicati per terrazzi e balconi si trovano il limone quattro stagioni, il kumquat e alcuni tipi di mandarino compatto. Queste varietà mantengono generalmente una crescita più equilibrata, tollerano bene la vita in vaso e possono produrre frutti anche in spazi ridotti. Inoltre, molte di queste piante possiedono un buon valore ornamentale grazie alla presenza contemporanea di foglie, fiori e frutti.

La gestione dell'**esposizione solare** è fondamentale. Gli agrumi necessitano di diverse ore di luce diretta ogni giorno per svilupparsi correttamente. Nei balconi esposti a sud o sud-est si ottengono spesso le condizioni migliori, mentre gli ambienti troppo ombreggiati possono rallentare crescita e fruttificazione. In estate, nelle giornate particolarmente calde, può essere utile controllare che il vaso non si surriscaldi eccessivamente.

Anche il contenitore utilizzato influisce molto sullo sviluppo della pianta. Un vaso troppo piccolo limita la crescita dell'**apparato radicale**, mentre contenitori eccessivamente grandi trattengono più umidità e rendono più difficile controllare il terreno. È consigliabile aumentare gradualmente le dimensioni del vaso nel corso degli anni, seguendo la crescita reale della pianta.

Dal punto di vista pratico, la coltivazione su terrazzi richiede maggiore attenzione all'**irrigazione**. Il terreno nei vasi tende ad asciugarsi più rapidamente rispetto alla piena terra, soprattutto durante l'estate o in presenza di vento costante. Controllare frequentemente l'**umidità del terreno** aiuta a evitare sia carenze d'acqua sia ristagni dannosi.

Agrumi particolarmente adatti a balconi e terrazzi:

- **Limone quattro stagioni:** produttivo e adatto alla coltivazione in vaso

- **Kumquat:** compatto, resistente e molto ornamentale

- **Mandarino nano:** ideale per spazi ridotti e gestione semplice

- **Varietà innestate:** generalmente più produttive e controllabili

- **Piante compatte:** facilitano potatura e spostamenti stagionali

- **Vasi drenanti:** riducono problemi legati ai ristagni idrici

- **Esposizione luminosa:** fondamentale per crescita e produzione dei frutti

Per chi inizia, è spesso utile partire con una sola pianta ben posizionata e facilmente controllabile. Gestire pochi agrumi permette di comprendere meglio esigenze come irrigazione, esposizione e manutenzione ordinaria senza creare eccessive difficoltà operative.

Con il tempo, anche un piccolo balcone può trasformarsi in uno spazio produttivo e decorativo, capace di offrire raccolti soddisfacenti e una coltivazione più stabile grazie alla scelta corretta delle varietà più adatte agli ambienti domestici.

3. Coltivazione in Zone Calde e Fredde

Il clima rappresenta uno dei fattori più importanti nella coltivazione degli agrumi. Temperature, umidità, vento ed esposizione influenzano direttamente crescita, produzione dei frutti e salute generale della pianta. Per ottenere risultati soddisfacenti è fondamentale adattare la coltivazione alle condizioni climatiche locali, scegliendo varietà adeguate e applicando strategie diverse nelle zone calde e in quelle più fredde.

Nelle aree dal clima mite o mediterraneo, gli agrumi riescono generalmente a crescere con maggiore facilità. Le temperature stabili favoriscono lo sviluppo della vegetazione e permettono una produzione più regolare durante l'anno. In queste condizioni, la coltivazione in **piena terra** offre spesso i risultati migliori, poiché le radici possono espandersi liberamente e assorbire acqua e nutrienti in modo più stabile.

Tuttavia, anche nelle zone molto calde possono verificarsi problemi. Temperature elevate e sole intenso aumentano rapidamente l'evaporazione dell'acqua, rendendo necessaria una gestione attenta dell'**irrigazione**. Nei mesi estivi è importante controllare frequentemente il terreno, evitando sia carenze idriche sia eccessi d'acqua. In alcune situazioni, soprattutto sui terrazzi molto esposti, può essere utile proteggere il vaso dal surriscaldamento diretto.

Nelle aree fredde o soggette a gelate, la coltivazione richiede invece maggiore attenzione. Molti agrumi soffrono temperature inferiori a **3-5°C**, mentre il gelo prolungato può danneggiare foglie, rami e apparato radicale. In questi contesti, la **coltivazione in vaso** rappresenta spesso la soluzione più pratica, perché permette di spostare le piante in ambienti protetti durante l'inverno.

Anche la scelta della varietà diventa fondamentale. Alcuni mandarini, kumquat e limoni innestati mostrano una migliore **resistenza al freddo** rispetto ad altre tipologie più delicate. Utilizzare varietà robuste aiuta a ridurre danni climatici e interventi correttivi nelle stagioni più difficili.

Dal punto di vista operativo, è importante evitare sbalzi termici improvvisi. Trasferire rapidamente una pianta da un ambiente freddo a uno molto caldo può creare **stress vegetativo** e rallentare la crescita. Gli spostamenti devono essere graduali, soprattutto durante i cambi di stagione.

Anche il vento incide molto sulla salute degli agrumi. Nelle zone fredde aumenta la dispersione del calore e può seccare rapidamente foglie e terreno, mentre nelle aree molto calde accelera l'evaporazione dell'acqua. Sistemare le piante in posizioni riparate migliora notevolmente la stabilità della coltivazione.

Accorgimenti utili per coltivare agrumi in diversi climi:

- **Piena terra:** ideale nelle zone dal clima mite e stabile
- **Coltivazione in vaso:** consigliata nelle aree fredde o soggette a gelo

- **Irrigazione controllata:** fondamentale durante estati molto calde

- **Protezione invernale:** utile per evitare danni da basse temperature

- **Resistenza al freddo:** scegliere varietà più robuste nei climi rigidi

- **Esposizione luminosa:** importante in tutte le stagioni

- **Protezione dal vento:** riduce stress e disidratazione della pianta

Per chi vive in aree climatiche difficili, iniziare con varietà resistenti e facilmente gestibili permette di acquisire esperienza con maggiore tranquillità. Anche piccoli accorgimenti, come scegliere la posizione corretta o proteggere i vasi durante l'inverno, possono migliorare notevolmente la salute e la produttività della pianta nel tempo.

4. Varietà Nane e Compatte per Interni

La coltivazione degli agrumi in ambienti interni è diventata sempre più diffusa grazie alla disponibilità di varietà nane e compatte, adatte a spazi ridotti e più semplici da gestire rispetto agli agrumi tradizionali. Queste piante permettono di coltivare limoni, mandarini o piccoli agrumi ornamentali anche in appartamento, purché vengano rispettate alcune condizioni fondamentali legate a luce, temperatura e gestione dell'umidità.

Le varietà compatte sono selezionate per mantenere dimensioni più contenute senza perdere completamente la capacità produttiva. Questo significa che possono svilupparsi correttamente anche in vasi di dimensioni moderate, risultando ideali per balconi chiusi, verande luminose o stanze ben esposte alla luce naturale. Tuttavia, gli agrumi da interno richiedono comunque attenzione costante, soprattutto nei mesi invernali.

Uno degli aspetti più importanti riguarda la **esposizione luminosa**. Gli agrumi necessitano di diverse ore di luce al giorno per mantenere foglie sane e una crescita equilibrata. Posizionare la pianta vicino a finestre luminose orientate a sud o sud-est migliora notevolmente lo sviluppo vegetativo. Ambienti troppo bui possono causare perdita di foglie, rallentamento della crescita e riduzione della futura produzione dei frutti.

Anche la gestione della temperatura è fondamentale. Gli agrumi da interno preferiscono ambienti abbastanza stabili, evitando sbalzi termici improvvisi. Temperature comprese tra **15°C** e **24°C** risultano generalmente favorevoli durante gran parte dell'anno. È importante inoltre evitare la vicinanza diretta a caloriferi, stufe o correnti fredde provenienti da porte e finestre aperte.

Dal punto di vista pratico, la **coltivazione in vaso** richiede particolare attenzione all'**irrigazione**. In appartamento il terreno tende ad asciugarsi più lentamente rispetto agli spazi esterni, soprattutto durante l'inverno. Annaffiare eccessivamente può favorire **ristagni idrici** e problemi radicali. Controllare regolarmente l'**umidità del terreno** aiuta a mantenere condizioni più equilibrate.

Tra le varietà più adatte agli interni si trovano spesso il kumquat, il calamondino e alcuni limoni nani. Queste piante mantengono una crescita più gestibile, producono frutti ornamentali e tollerano meglio la vita in contenitore rispetto a varietà più vigorose. Inoltre, molte di esse conservano un buon valore decorativo durante tutto l'anno grazie alle **foglie sempreverdi** e ai piccoli frutti colorati.

Varietà compatte adatte alla coltivazione in interni:

- **Kumquat:** resistente, compatto e molto ornamentale

- **Calamondino:** adatto ad ambienti luminosi e piccoli spazi

- **Limone nano:** gestibile in vaso e produttivo nel tempo

- **Esposizione luminosa:** fondamentale per evitare indebolimento della pianta

- **Temperatura stabile:** riduce stress e caduta delle foglie

- **Irrigazione moderata:** importante per prevenire ristagni nel vaso

- **Controllo dell'umidità:** utile per mantenere equilibrio vegetativo

Per chi inizia, scegliere una varietà compatta e facile da gestire permette di comprendere più rapidamente le esigenze della coltivazione domestica. Anche piccoli controlli regolari, come verificare luce, umidità e stato delle foglie, aiutano a mantenere la pianta sana nel lungo periodo.

Con il tempo, una corretta gestione degli spazi interni consente di coltivare agrumi decorativi e produttivi anche in appartamenti o ambienti urbani dove non sarebbe possibile utilizzare varietà di grandi dimensioni.

5. Come Acquistare Piante di Qualità

Scegliere una pianta sana e di buona qualità è uno dei passaggi più importanti per iniziare correttamente la coltivazione degli agrumi. Molti problemi futuri, come crescita debole, malattie frequenti o scarsa produzione, possono dipendere da piante acquistate in cattive condizioni o non adatte all'ambiente di coltivazione. Valutare attentamente alcuni elementi prima dell'acquisto permette di evitare errori costosi e di ottenere risultati migliori fin dalle prime fasi.

Uno degli aspetti principali da controllare riguarda lo stato generale della vegetazione. Una pianta sana deve presentare **foglie sempreverdi** compatte, con colore uniforme e senza macchie evidenti. Foglie ingiallite, secche o deformate possono indicare problemi di irrigazione, carenze nutritive o presenza di parassiti. Anche i rami devono apparire robusti e ben distribuiti, senza zone secche o danneggiate.

È importante verificare anche le condizioni del vaso e del terreno. Un substrato troppo compatto, eccessivamente umido o con cattivo odore può segnalare problemi legati ai **ristagni idrici** o alla salute delle radici. Se possibile, è utile controllare che l'**apparato radicale** non sia completamente soffocato nel contenitore. Radici eccessivamente compresse o fuoriuscite in grandi quantità dai fori inferiori indicano spesso la necessità di un rinvaso immediato.

Dal punto di vista pratico, conviene preferire piante **innestate** rispetto a quelle ottenute da seme. Gli agrumi innestati tendono generalmente a crescere più rapidamente, a produrre prima e a offrire maggiore resistenza a diverse problematiche ambientali. Inoltre, molti vivai utilizzano portainnesti selezionati per migliorare adattabilità, produttività e resistenza climatica.

Anche l'età della pianta merita attenzione. Molti principianti pensano che acquistare esemplari molto grandi garantisca risultati migliori, ma non sempre è così. Una pianta giovane ma sana si adatta spesso più facilmente al nuovo ambiente rispetto a esemplari molto sviluppati che hanno già subito lunghi periodi in contenitore.

La scelta del punto vendita influisce notevolmente sulla qualità finale. Acquistare presso vivai specializzati permette generalmente di ottenere piante meglio curate e informazioni più precise sulle varietà disponibili. Nei punti vendita generici, invece, gli agrumi possono essere rimasti troppo tempo in condizioni poco favorevoli, con irrigazioni irregolari o scarsa manutenzione.

Controlli utili prima di acquistare un agrume:

- **Foglie sane:** colore uniforme e assenza di macchie sospette

- **Apparato radicale:** evitare radici troppo compresse nel vaso

- **Terreno drenante:** controllare assenza di ristagni e cattivi odori

- **Piante innestate:** generalmente più produttive e resistenti

- **Rami robusti:** evitare parti secche o danneggiate

- **Dimensioni equilibrate:** preferire piante sane rispetto a esemplari troppo grandi

- **Vivai specializzati:** offrono spesso maggiore qualità e assistenza

Dopo l'acquisto è consigliabile evitare interventi troppo aggressivi nei primi giorni. Spostamenti continui, rinvasi immediati o cambi bruschi di esposizione possono creare **stress vegetativo** e rallentare l'adattamento della pianta. Lasciare l'agrume in una posizione stabile e luminosa aiuta invece a favorire un inserimento più graduale nel nuovo ambiente.

Una pianta acquistata correttamente rappresenta una base molto più solida per tutta la coltivazione futura e permette di affrontare con maggiore tranquillità le successive fasi di crescita, manutenzione e produzione dei frutti.

6. Pianificare lo Spazio di Coltivazione

Una corretta pianificazione dello spazio è fondamentale per coltivare agrumi in modo efficace e duraturo. Molti problemi legati a crescita rallentata, scarsa produzione o difficoltà nella manutenzione derivano proprio da una gestione poco organizzata degli spazi disponibili. Valutare fin dall'inizio posizione, esposizione e dimensioni future delle piante permette di semplificare notevolmente la coltivazione e di ridurre interventi correttivi nel tempo.

Il primo elemento da considerare riguarda l'**esposizione luminosa**. Gli agrumi necessitano di diverse ore di luce diretta ogni giorno per svilupparsi correttamente. Prima di sistemare vasi o preparare il terreno è utile osservare quali aree ricevono più sole durante la giornata e quali restano troppo ombreggiate. Una posizione ben illuminata favorisce crescita equilibrata, produzione dei frutti e migliore salute generale della pianta.

Anche la **circolazione dell'aria** è molto importante. Sistemare troppe piante vicine tra loro può aumentare umidità e ristagni d'aria, favorendo lo sviluppo di parassiti e **malattie fungine**. Nei balconi o nelle serre domestiche è consigliabile lasciare sufficiente spazio tra i vasi, evitando accumuli eccessivi soprattutto durante i mesi più umidi.

Dal punto di vista pratico, bisogna considerare anche la crescita futura dell'agrume. Molti principianti scelgono posizioni adatte alla dimensione iniziale della pianta senza valutare lo sviluppo della chioma e dell'**apparato radicale** nel corso degli anni. Una pianta troppo vicina a muri, ringhiere o altre coltivazioni può diventare difficile da gestire durante potature, rinvasi e raccolta dei frutti.

La scelta dei contenitori influisce direttamente sull'organizzazione dello spazio. Nella **coltivazione in vaso** è importante utilizzare contenitori adeguati alle dimensioni future della pianta, ma senza esagerare con vasi troppo grandi nelle prime fasi. Un aumento graduale delle dimensioni permette di mantenere più stabile l'**umidità del terreno** e facilita gli spostamenti stagionali.

Anche la gestione dell'**irrigazione** deve essere pianificata correttamente. Collocare i vasi in posizioni difficili da raggiungere rende più complicati controlli e manutenzione quotidiana. È utile organizzare gli agrumi in aree facilmente accessibili, dove sia semplice verificare terreno, drenaggio e stato generale della pianta.

Un altro aspetto spesso sottovalutato riguarda la protezione stagionale. In molte zone climatiche è necessario spostare o coprire le piante durante l'inverno. Lasciare spazio sufficiente per questi interventi permette di agire rapidamente senza danneggiare rami o frutti durante gli spostamenti.

Aspetti utili per organizzare lo spazio di coltivazione:

- **Esposizione luminosa:** scegliere aree con molte ore di sole diretto

- **Circolazione dell'aria:** evitare ambienti troppo chiusi o sovraffollati

- **Distanza tra le piante:** facilitare crescita e manutenzione futura

- **Coltivazione in vaso:** utilizzare contenitori adeguati alla crescita progressiva

- **Irrigazione accessibile:** organizzare spazi semplici da controllare

- **Protezione invernale:** lasciare spazio per spostamenti e coperture

- **Gestione della chioma:** evitare ostacoli vicini alla pianta

Per chi inizia, è spesso consigliabile partire con poche piante ben organizzate piuttosto che riempire subito tutto lo spazio disponibile. Una gestione più semplice permette di acquisire esperienza gradualmente e di comprendere meglio le esigenze degli agrumi nelle diverse stagioni.

Con il tempo, una pianificazione corretta rende la coltivazione molto più ordinata, pratica e produttiva, migliorando sia la salute delle piante sia la facilità di manutenzione quotidiana.

III. Preparare il Terreno e il Vaso: Condizioni Ottimali per la Coltivazione

1. Le Caratteristiche del Terreno Ideale

Il terreno rappresenta uno degli elementi più importanti nella coltivazione degli agrumi. Anche una varietà resistente e ben esposta può sviluppare problemi se coltivata in un substrato inadatto. Le radici degli agrumi sono particolarmente sensibili all'eccesso di umidità, alla compattazione del terreno e alla scarsa ossigenazione. Per questo motivo, preparare correttamente il substrato è fondamentale per favorire crescita equilibrata, assorbimento dei nutrienti e produzione dei frutti.

Una delle caratteristiche principali del terreno ideale è il buon **drenaggio**. Gli agrumi non tollerano i **ristagni idrici**, che possono provocare marciumi radicali e indebolimento generale della pianta. Un terreno troppo compatto trattiene eccessiva umidità vicino alle radici, riducendo la circolazione dell'aria e aumentando il rischio di malattie fungine. Per migliorare il drenaggio è spesso utile utilizzare materiali come sabbia grossolana, pomice o perlite mescolati al terriccio principale.

Anche la struttura del terreno influisce direttamente sullo sviluppo dell'**apparato radicale**. Un substrato leggero e ben aerato permette alle radici di espandersi più facilmente e di assorbire acqua e nutrienti in modo più regolare. Al contrario, terreni troppo pesanti o argillosi rallentano la crescita e rendono più difficile mantenere un equilibrio corretto dell'umidità.

Dal punto di vista nutrizionale, gli agrumi preferiscono terreni moderatamente fertili e ricchi di sostanza organica. Utilizzare un buon **terriccio drenante** specifico per agrumi o arricchito con compost ben maturo aiuta a mantenere il terreno più stabile e produttivo nel tempo. Tuttavia, è importante evitare eccessi di materiale organico troppo fresco, che potrebbe alterare l'equilibrio del substrato.

Anche il livello di **umidità del terreno** deve essere controllato con attenzione. Il substrato ideale deve mantenere una leggera umidità senza restare costantemente bagnato. Nella **coltivazione in vaso**, questo aspetto diventa ancora più importante, perché il volume ridotto del contenitore rende più rapido sia l'asciugamento sia l'accumulo d'acqua.

La scelta del terreno deve inoltre essere adattata al clima e alla posizione della pianta. In zone molto piovose può essere utile aumentare la componente drenante del substrato, mentre nei climi molto caldi è importante mantenere un equilibrio che permetta al terreno di trattenere una quantità sufficiente di umidità senza creare ristagni.

Caratteristiche fondamentali del terreno per agrumi:

- **Drenaggio efficace:** evita accumuli d'acqua vicino alle radici

- **Terreno aerato:** favorisce sviluppo e ossigenazione radicale

- **Terriccio drenante:** utile soprattutto nella coltivazione in vaso

- **Sostanza organica equilibrata:** migliora fertilità e struttura del substrato

- **Umidità controllata:** il terreno non deve restare costantemente bagnato

- **Assenza di compattazione:** facilita crescita e assorbimento dei nutrienti

- **Adattamento climatico:** modificare il substrato in base all'ambiente locale

Molti principianti commettono l'errore di utilizzare comune terra da giardino senza modificarne struttura e drenaggio. Questo porta spesso a problemi di crescita lenta o sofferenza radicale già nei primi mesi di coltivazione. Preparare correttamente il substrato fin dall'inizio permette invece di ridurre molti interventi correttivi futuri.

Un terreno ben strutturato aiuta gli agrumi a svilupparsi in modo più stabile, facilitando irrigazione, concimazione e gestione generale della pianta durante tutte le fasi della coltivazione.

2. Scegliere il Vaso Corretto

La scelta del vaso è un elemento fondamentale nella coltivazione degli agrumi, soprattutto quando le piante vengono gestite su balconi, terrazzi o in ambienti domestici. Un contenitore inadatto può creare problemi di crescita, squilibri nell'irrigazione e difficoltà nello sviluppo dell'**apparato radicale**. Per ottenere una coltivazione stabile e produttiva è quindi importante scegliere vasi adeguati alle dimensioni della pianta, al clima e allo spazio disponibile.

Uno degli aspetti più importanti riguarda la dimensione del contenitore. Un vaso troppo piccolo limita l'espansione delle radici e riduce la capacità della pianta di assorbire acqua e nutrienti in modo corretto. Al contrario, un contenitore eccessivamente grande nelle prime fasi può trattenere troppa umidità, aumentando il rischio di **ristagni idrici** e problemi radicali. La soluzione migliore consiste generalmente nell'aumentare gradualmente la dimensione del vaso durante la crescita della pianta.

Anche il materiale del contenitore influisce sulla gestione quotidiana della coltivazione. I vasi in terracotta garantiscono una buona traspirazione del terreno e aiutano a limitare l'eccesso di umidità, ma risultano più pesanti e tendono ad asciugarsi rapidamente nei mesi caldi. I contenitori in plastica sono più leggeri e pratici da spostare, ma trattengono maggiormente l'umidità e richiedono maggiore attenzione nella gestione dell'**irrigazione**.

La presenza di fori sul fondo è indispensabile per assicurare un corretto **drenaggio**. Senza un adeguato scarico dell'acqua, il terreno tende a saturarsi rapidamente, creando condizioni sfavorevoli per le radici. Nella **coltivazione in vaso** è utile inserire sul fondo uno strato drenante composto da argilla espansa, ghiaia o materiali simili per facilitare la fuoriuscita dell'acqua in eccesso.

Dal punto di vista pratico, anche la stabilità del vaso è importante. Gli agrumi possono sviluppare una chioma pesante, soprattutto durante la produzione dei frutti. Contenitori troppo leggeri o stretti rischiano di diventare instabili in presenza di vento o durante gli spostamenti stagionali. In alcuni casi è utile utilizzare sottovasi robusti o supporti con ruote per facilitare la movimentazione.

Anche la gestione dell'**umidità del terreno** cambia in base al contenitore scelto. Nei vasi piccoli il terreno si asciuga più rapidamente, mentre in quelli molto grandi l'umidità permane più a lungo. Controllare frequentemente il substrato aiuta a regolare meglio irrigazione e manutenzione durante le diverse stagioni.

Caratteristiche importanti nella scelta del vaso:

- **Dimensioni adeguate:** evitare contenitori troppo piccoli o eccessivamente grandi

- **Drenaggio efficace:** presenza obbligatoria di fori sul fondo

- **Materiale del vaso:** terracotta e plastica hanno caratteristiche differenti

- **Stabilità del contenitore:** importante durante crescita e fruttificazione

- **Coltivazione in vaso:** richiede controlli più frequenti dell'umidità

- **Apparato radicale:** necessita di spazio sufficiente per svilupparsi

- **Facilità di spostamento:** utile soprattutto nelle aree fredde

Molti principianti scelgono il vaso basandosi principalmente sull'aspetto estetico, trascurando caratteristiche pratiche come drenaggio, peso e dimensioni future della pianta. In realtà, un contenitore corretto facilita enormemente tutta la gestione successiva, riducendo problemi di irrigazione e crescita.

Scegliere fin dall'inizio un vaso adatto alle esigenze dell'agrume permette di creare condizioni più stabili e di semplificare notevolmente la coltivazione nel lungo periodo.

3. Drenaggio e Gestione dell'Umidità

Il controllo del drenaggio e dell'umidità è uno degli aspetti più delicati nella coltivazione degli agrumi. Anche una pianta sana e ben esposta può sviluppare rapidamente problemi se il terreno trattiene troppa acqua oppure si asciuga in modo eccessivo. Le radici degli agrumi necessitano infatti di un equilibrio costante tra umidità e ossigenazione. Per questo motivo, imparare a gestire correttamente il terreno rappresenta una delle competenze più importanti per mantenere la pianta stabile e produttiva nel tempo.

Uno dei problemi più frequenti è rappresentato dai **ristagni idrici**. Quando l'acqua rimane troppo a lungo nel terreno, le radici iniziano a soffrire per mancanza di ossigeno, favorendo marciumi e sviluppo di malattie fungine. Nella **coltivazione in vaso**, questo rischio aumenta ulteriormente se il contenitore non possiede fori adeguati oppure se il substrato è troppo compatto.

Per migliorare il **drenaggio** è utile utilizzare materiali che rendano il terreno più leggero e arieggiato. Sabbia grossolana, pomice, perlite o argilla espansa aiutano a facilitare il passaggio dell'acqua e a limitare accumuli dannosi vicino alle radici. Anche il fondo del vaso deve essere preparato correttamente, evitando che il terriccio ostruisca i fori di scarico.

Dal punto di vista pratico, è importante imparare a controllare l'**umidità del terreno** prima di irrigare. Molti principianti annaffiano seguendo orari fissi senza verificare le reali condizioni del substrato. In realtà, temperatura, vento, esposizione e dimensioni del vaso influenzano molto la velocità di asciugatura del terreno. Inserire un dito nei primi centimetri del substrato è spesso un metodo semplice ed efficace per capire se la pianta necessita davvero di acqua.

Anche la quantità di acqua utilizzata deve essere equilibrata. Irrigazioni troppo abbondanti saturano rapidamente il terreno, mentre apporti troppo ridotti impediscono alle radici di assorbire correttamente nutrienti e umidità. È generalmente preferibile annaffiare in modo uniforme, permettendo all'acqua di distribuire bene l'umidità senza creare accumuli eccessivi.

La gestione dell'**irrigazione** cambia inoltre durante l'anno. Nei mesi estivi il terreno tende ad asciugarsi più rapidamente, soprattutto nei vasi esposti al sole diretto o al vento. In inverno, invece, l'umidità permane più a lungo e le irrigazioni devono essere ridotte per evitare problemi radicali.

Anche la posizione della pianta influisce molto sull'equilibrio idrico. Ambienti troppo chiusi o scarsamente ventilati rallentano l'evaporazione dell'acqua, mentre terrazzi molto esposti accelerano la perdita di umidità. Adattare irrigazione e drenaggio alle condizioni ambientali permette di mantenere la coltivazione più stabile durante tutte le stagioni.

Accorgimenti utili per drenaggio e umidità:

- **Drenaggio efficace:** fondamentale per evitare ristagni dannosi

- **Terriccio arieggiato:** migliora ossigenazione delle radici

- **Ristagni idrici:** principale causa di marciumi radicali

- **Umidità del terreno:** controllare sempre prima di irrigare

- **Irrigazione equilibrata:** evitare sia eccessi sia carenze d'acqua

- **Fori di scarico:** indispensabili nella coltivazione in vaso

- **Materiali drenanti:** pomice, sabbia e perlite migliorano il substrato

Molti problemi degli agrumi derivano più da errori nella gestione dell'acqua che da carenze nutritive o varietà inadatte. Per questo motivo, imparare a osservare il comportamento del terreno e delle radici aiuta a prevenire numerose difficoltà future.

Con una buona gestione del drenaggio e dell'umidità, gli agrumi riescono a svilupparsi in modo più stabile, riducendo stress vegetativo, malattie e rallentamenti della crescita.

4. Preparare un Terriccio Bilanciato

Preparare un terriccio bilanciato è fondamentale per garantire agli agrumi condizioni di crescita stabili e produttive. Un substrato troppo compatto, povero di nutrienti o incapace di drenare correttamente l'acqua può compromettere rapidamente la salute della pianta. Gli agrumi necessitano infatti di un terreno che mantenga il giusto equilibrio tra umidità, aerazione e disponibilità nutritiva. Per questo motivo, la preparazione del terriccio non dovrebbe mai essere sottovalutata, soprattutto nella **coltivazione in vaso**.

La base di un buon substrato deve essere composta da un **terriccio drenante** e abbastanza leggero da permettere una corretta ossigenazione delle radici. Utilizzare solo terra da giardino è spesso un errore, perché tende a compattarsi facilmente e a trattenere troppa acqua. Un terriccio troppo pesante riduce il passaggio dell'aria e favorisce la formazione di **ristagni idrici**, particolarmente dannosi per gli agrumi.

Per migliorare la struttura del substrato è utile aggiungere materiali drenanti come pomice, sabbia grossolana o perlite. Questi elementi aiutano a mantenere il terreno più arieggiato e facilitano il corretto **drenaggio** dell'acqua in eccesso. Nella preparazione del terriccio è importante distribuire i materiali in modo uniforme, evitando accumuli separati che potrebbero creare zone troppo secche o troppo umide.

Anche la componente organica ha un ruolo importante. Compost ben maturo o humus possono migliorare fertilità e struttura del terreno, favorendo lo sviluppo dell'**apparato radicale**. Tuttavia, quantità eccessive di materiale organico fresco rischiano di aumentare troppo l'umidità del substrato o alterare l'equilibrio nutritivo della pianta.

Dal punto di vista pratico, la preparazione del terriccio deve essere adattata anche alle condizioni climatiche. In zone molto piovose conviene aumentare leggermente la quantità di materiali drenanti, mentre nei climi molto caldi è utile mantenere una struttura che riesca a trattenere moderatamente l'**umidità del terreno** senza creare accumuli pericolosi.

Anche la qualità dei materiali utilizzati influisce molto sul risultato finale. Terricci economici o troppo poveri tendono a deteriorarsi rapidamente, compattandosi dopo poche irrigazioni. Utilizzare substrati specifici per agrumi o miscele ben equilibrate permette invece di mantenere condizioni più stabili nel tempo e riduce la necessità di interventi correttivi frequenti.

La gestione dell'**irrigazione** risulta inoltre più semplice quando il terriccio è ben preparato. Un substrato equilibrato distribuisce meglio acqua e nutrienti, aiutando la pianta a crescere in modo più regolare durante tutte le stagioni.

Elementi utili per preparare un terriccio bilanciato:

- **Terriccio drenante:** base fondamentale per gli agrumi

- **Materiali arieggianti:** pomice, perlite e sabbia migliorano il drenaggio

- **Ristagni idrici:** da evitare per proteggere le radici

- **Componente organica:** utile se ben equilibrata e non eccessiva

- **Umidità del terreno:** deve restare stabile ma non elevata

- **Apparato radicale:** necessita di ossigenazione costante

- **Irrigazione equilibrata:** più semplice con un substrato ben strutturato

Molti problemi di crescita derivano da terreni preparati in modo superficiale o poco adatti alle esigenze degli agrumi. Investire tempo nella creazione di un buon substrato permette invece di ottenere piante più forti, produttive e semplici da gestire nel lungo periodo.

Un terriccio ben bilanciato rappresenta una delle basi più importanti per tutta la coltivazione e facilita notevolmente irrigazione, nutrizione e salute generale della pianta.

5. Posizionare Correttamente le Piante

Il corretto posizionamento degli agrumi influisce direttamente sulla crescita, sulla produzione dei frutti e sulla salute generale della pianta. Anche un terreno ben preparato o una varietà resistente possono dare risultati deludenti se l'agrume viene collocato in un ambiente poco adatto. Luce, ventilazione, temperatura e protezione dagli agenti atmosferici devono essere valutati con attenzione prima di scegliere la posizione definitiva della pianta.

Uno degli aspetti più importanti riguarda la **esposizione luminosa**. Gli agrumi necessitano generalmente di almeno **6-8 ore** di luce diretta al giorno per sviluppare correttamente foglie, rami e frutti. Le posizioni rivolte a sud o sud-est risultano spesso le più favorevoli, soprattutto nelle coltivazioni domestiche su balconi e terrazzi. Ambienti troppo ombreggiati possono rallentare la crescita, ridurre la fioritura e indebolire progressivamente la pianta.

Anche la **circolazione dell'aria** è fondamentale. Un ambiente troppo chiuso o scarsamente ventilato favorisce accumuli di umidità e aumenta il rischio di parassiti e **malattie fungine**. Tuttavia, è importante evitare anche zone troppo esposte a vento forte e continuo, che può danneggiare foglie, fiori e giovani frutti, oltre ad accelerare l'asciugatura del terreno.

Nella **coltivazione in vaso**, il posizionamento deve tenere conto anche della gestione pratica della pianta. I vasi devono essere collocati in aree facilmente raggiungibili per controlli, irrigazione e manutenzione ordinaria. Sistemare gli agrumi in posizioni scomode rende più difficile monitorare l'**umidità del terreno** e intervenire rapidamente in caso di problemi.

Dal punto di vista climatico, è utile scegliere zone che offrano una certa protezione durante i periodi più freddi. Muri esposti al sole o aree riparate possono aiutare a mantenere temperature leggermente più stabili durante l'inverno. In presenza di gelate frequenti, i vasi dovrebbero essere posizionati in modo da poter essere spostati facilmente in ambienti protetti.

Anche la distanza tra le piante ha un ruolo importante. Agrumi collocati troppo vicini competono per luce e spazio, limitando lo sviluppo della chioma e peggiorando la ventilazione generale. Lasciare spazio sufficiente facilita inoltre operazioni come potatura, controllo dei parassiti e raccolta dei frutti.

La gestione dell'**irrigazione** dipende molto anche dalla posizione scelta. Balconi molto esposti al sole o al vento richiedono controlli più frequenti, mentre aree ombreggiate trattengono più a lungo l'umidità. Adattare quantità e frequenza dell'acqua alle condizioni ambientali permette di mantenere una coltivazione più stabile.

Aspetti importanti per posizionare correttamente gli agrumi:

- **Esposizione luminosa:** almeno diverse ore di sole diretto al giorno

- **Circolazione dell'aria:** utile per ridurre umidità e malattie fungine

- **Protezione dal vento:** evita danni a foglie e frutti

- **Coltivazione in vaso:** facilitare accesso per controlli e manutenzione

- **Umidità del terreno:** varia in base alla posizione scelta

- **Distanza tra le piante:** migliora crescita e ventilazione

- **Protezione invernale:** importante nelle zone soggette a freddo intenso

Molti problemi di crescita derivano semplicemente da posizioni poco adatte alle esigenze degli agrumi. Osservare attentamente luce, vento e condizioni ambientali prima di collocare la pianta permette di evitare numerosi interventi correttivi futuri.

Con una posizione ben studiata, gli agrumi riescono generalmente a svilupparsi in modo più equilibrato, facilitando manutenzione, irrigazione e produzione dei frutti durante tutto l'anno.

6. Errori da Evitare nella Preparazione

La fase di preparazione del terreno e del vaso è fondamentale per la salute futura degli agrumi. Molti problemi che compaiono durante la coltivazione derivano infatti da errori commessi proprio all'inizio, quando vengono scelti contenitori inadatti o preparati substrati poco equilibrati. Una preparazione corretta permette di creare condizioni più stabili per crescita, irrigazione e sviluppo dell'**apparato radicale**, riducendo numerosi interventi correttivi successivi.

Uno degli errori più frequenti consiste nell'utilizzare un terreno troppo compatto. Molti principianti impiegano semplice terra da giardino senza modificarne struttura e composizione. Questo tipo di substrato tende spesso a trattenere troppa acqua, peggiorando il **drenaggio** e favorendo la formazione di **ristagni idrici**. Le radici degli agrumi soffrono rapidamente la mancanza di ossigenazione e possono sviluppare marciumi difficili da recuperare.

Anche scegliere un vaso sbagliato crea numerose difficoltà. Contenitori privi di fori di scarico impediscono all'acqua in eccesso di defluire correttamente, aumentando l'umidità vicino alle radici. Allo stesso modo, utilizzare vasi troppo piccoli limita la crescita della pianta, mentre contenitori eccessivamente grandi possono mantenere il terreno troppo umido per lunghi periodi.

Dal punto di vista pratico, molti errori derivano anche da una cattiva gestione dell'**irrigazione** subito dopo il trapianto. Annaffiare eccessivamente nella fase iniziale è una situazione molto comune. Dopo il rinvaso o la messa a dimora, il terreno deve mantenere una leggera umidità, ma senza diventare costantemente bagnato. Controllare l'**umidità del terreno** prima di aggiungere altra acqua aiuta a evitare problemi radicali nelle prime settimane.

Un altro errore frequente riguarda il posizionamento della pianta. Sistemare gli agrumi in aree troppo ombreggiate o scarsamente ventilate rallenta la crescita e favorisce problemi legati all'umidità. Una corretta **esposizione luminosa** è indispensabile fin dalle prime fasi della coltivazione per favorire sviluppo equilibrato e buona resistenza della pianta.

Anche l'utilizzo eccessivo di fertilizzanti durante la preparazione può risultare dannoso. Molti principianti aggiungono grandi quantità di concime pensando di accelerare la crescita, ma un eccesso di nutrienti rischia di creare squilibri vegetativi e stress alle giovani radici. È sempre preferibile utilizzare dosi moderate e materiali ben equilibrati.

La mancanza di pianificazione rappresenta un ulteriore problema molto comune. Inserire troppe piante in spazi ridotti rende difficile la gestione della ventilazione, dei rinvasi e della futura manutenzione. Valutare correttamente spazio disponibile e sviluppo futuro dell'agrume aiuta a evitare complicazioni nel tempo.

Errori comuni nella preparazione di terreno e vaso:

- **Terreno compatto:** limita drenaggio e ossigenazione delle radici

- **Ristagni idrici:** favoriscono marciumi e malattie fungine

- **Vasi senza scarico:** impediscono la corretta eliminazione dell'acqua

- **Irrigazione eccessiva:** molto frequente dopo il trapianto

- **Esposizione luminosa insufficiente:** rallenta crescita e sviluppo

- **Fertilizzanti in eccesso:** possono danneggiare le giovani radici

- **Spazi poco organizzati:** complicano manutenzione e gestione futura

Molti di questi errori sembrano inizialmente poco importanti, ma tendono a creare problemi progressivi difficili da correggere nel tempo. Per questo motivo, dedicare attenzione alla fase preparatoria permette di costruire basi molto più solide per tutta la coltivazione.

Con un terreno ben preparato, un vaso adeguato e una gestione equilibrata delle prime fasi, gli agrumi riescono generalmente a svilupparsi in modo più stabile e produttivo durante gli anni successivi.

IV. Semina e Trapianto: Come Iniziare a Coltivare gli Agrumi

1. Coltivare Agrumi da Semi

Coltivare agrumi partendo dai semi è una pratica interessante e accessibile anche ai principianti. Questo metodo permette di osservare direttamente tutte le fasi iniziali dello sviluppo della pianta, dalla germinazione alla crescita dei primi germogli. Tuttavia, è importante sapere che la coltivazione da seme richiede pazienza e tempi più lunghi rispetto all'utilizzo di piante già sviluppate o **innestate**. Non sempre le piante ottenute da semi producono frutti identici a quelli della pianta madre, ma rappresentano comunque un ottimo modo per imparare le basi della coltivazione degli agrumi.

Il primo passaggio consiste nella scelta dei semi. È preferibile utilizzare semi freschi provenienti da frutti sani e maturi, evitando quelli secchi o conservati troppo a lungo. Dopo averli estratti dal frutto, è utile lavarli delicatamente per eliminare residui di polpa che potrebbero favorire muffe o marciumi durante la germinazione.

Dal punto di vista pratico, la semina deve essere effettuata in un **terriccio drenante** e leggero, capace di mantenere una moderata umidità senza creare **ristagni idrici**. I semi possono essere inseriti a una profondità di circa **1-2 cm**, coprendoli leggermente con il substrato. Il terreno deve restare umido ma non eccessivamente bagnato, soprattutto nelle prime settimane.

Anche la temperatura influisce molto sulla germinazione. Gli agrumi germinano più facilmente in ambienti con temperature abbastanza stabili, generalmente comprese tra **20°C** e **25°C**. Per favorire la nascita dei germogli è utile collocare il contenitore in una zona luminosa ma non esposta direttamente al sole intenso durante le prime fasi.

La gestione dell'**umidità del terreno** è uno degli aspetti più delicati. Molti principianti commettono l'errore di annaffiare troppo frequentemente pensando di accelerare la germinazione. In realtà, un eccesso di acqua può soffocare i semi e favorire lo sviluppo di muffe. È preferibile controllare regolarmente il substrato e intervenire con piccole quantità d'acqua solo quando necessario.

Dopo la comparsa dei primi germogli, le giovani piantine necessitano di una buona **esposizione luminosa** per svilupparsi correttamente. In questa fase è importante evitare sbalzi termici improvvisi e proteggere le piante da vento forte o freddo intenso. Con il tempo, sarà possibile effettuare i primi rinvasi utilizzando contenitori leggermente più grandi.

Dal punto di vista produttivo, bisogna considerare che gli agrumi coltivati da seme richiedono spesso molti anni prima di produrre frutti. Inoltre, alcune piante potrebbero svilupparsi principalmente come esemplari ornamentali. Per questo motivo, molti coltivatori utilizzano la semina soprattutto per esperienza personale o per ottenere portainnesti da utilizzare successivamente.

Passaggi utili per coltivare agrumi da semi:

- **Semi freschi:** scegliere semi provenienti da frutti sani e maturi

- **Terriccio drenante:** fondamentale per evitare ristagni nel substrato

- **Profondità di semina:** circa 1-2 cm sotto il terreno

- **Temperatura stabile:** ideale tra 20°C e 25°C durante germinazione

- **Umidità del terreno:** mantenere il substrato leggermente umido

- **Esposizione luminosa:** importante dopo la nascita dei germogli

- **Rinvasi graduali:** aumentare progressivamente dimensioni del contenitore

Coltivare agrumi da seme richiede costanza e pazienza, ma permette di comprendere meglio le esigenze della pianta fin dalle sue prime fasi di sviluppo. Anche se il percorso è più lento rispetto ad altre tecniche di coltivazione, può rappresentare un'esperienza pratica molto utile per acquisire maggiore familiarità con il mondo degli agrumi.

2. Quando Effettuare il Trapianto

Il trapianto rappresenta una fase molto importante nella coltivazione degli agrumi, perché consente alla pianta di continuare a svilupparsi in un ambiente più adatto alla crescita delle radici. Effettuare il trapianto nel momento corretto aiuta a ridurre stress, rallentamenti vegetativi e problemi legati all'adattamento. Al contrario, intervenire troppo presto o in condizioni climatiche sfavorevoli può compromettere la salute della pianta, soprattutto nelle fasi iniziali della coltivazione.

Uno dei segnali principali che indicano la necessità di un trapianto riguarda lo sviluppo dell'**apparato radicale**. Quando le radici occupano completamente il vaso e iniziano a fuoriuscire dai fori inferiori, significa che lo spazio disponibile non è più sufficiente. Anche una crescita rallentata, un terreno che si asciuga troppo rapidamente o difficoltà nell'assorbimento dell'acqua possono indicare la necessità di trasferire la pianta in un contenitore più grande.

Il periodo migliore per effettuare il trapianto è generalmente la primavera, quando le temperature iniziano a stabilizzarsi e la pianta entra nella fase di crescita attiva. Temperature troppo basse rallentano la capacità di recupero delle radici, mentre il caldo intenso può aumentare lo **stress vegetativo** dopo il trasferimento. Nei climi molto miti, alcune operazioni leggere possono essere effettuate anche all'inizio dell'autunno, evitando però periodi troppo freddi o piovosi.

Dal punto di vista pratico, è importante scegliere un nuovo vaso proporzionato alle dimensioni della pianta. Passare direttamente a contenitori molto grandi è un errore comune, perché il terreno in eccesso tende a trattenere più acqua, aumentando il rischio di **ristagni idrici**. È generalmente preferibile aumentare il diametro del vaso in modo graduale.

Anche il **terriccio drenante** deve essere preparato correttamente prima del trapianto. Un substrato troppo compatto o povero di materiali arieggianti può rallentare rapidamente la crescita delle nuove radici. Utilizzare una miscela equilibrata facilita il recupero della pianta e migliora il futuro sviluppo vegetativo.

Durante il trapianto è importante maneggiare con attenzione il pane radicale. Scuotere eccessivamente le radici o romperle in modo aggressivo può indebolire la pianta e rallentare la ripresa. Se alcune radici risultano troppo avvolte o compatte, è possibile allentarle leggermente con delicatezza prima di collocare l'agrume nel nuovo contenitore.

Anche la gestione dell'**irrigazione** dopo il trapianto richiede attenzione. Il terreno deve mantenere una moderata **umidità del terreno** senza diventare eccessivamente bagnato. Nei giorni successivi è preferibile evitare concimazioni intense o esposizioni troppo aggressive al sole diretto, così da permettere alla pianta di adattarsi gradualmente al nuovo ambiente.

Segnali e accorgimenti utili per il trapianto:

- **Apparato radicale sviluppato:** radici fuoriuscite dai fori del vaso

- **Primavera:** periodo generalmente migliore per il trapianto

- **Stress vegetativo:** aumentato da caldo o freddo eccessivi

- **Terriccio drenante:** favorisce ripresa e crescita delle radici

- **Ristagni idrici:** più frequenti con vasi troppo grandi

- **Irrigazione moderata:** importante nelle prime settimane dopo il trasferimento

- **Manipolazione delicata:** evitare danni eccessivi alle radici

Molti principianti tendono a sottovalutare il momento del trapianto oppure intervengono troppo frequentemente senza reale necessità. In realtà, ogni trasferimento richiede un periodo di adattamento e deve essere effettuato solo quando la pianta mostra segnali concreti di crescita e bisogno di spazio.

Con un trapianto eseguito correttamente, gli agrumi riescono generalmente a riprendere lo sviluppo in modo rapido e più stabile, migliorando salute generale e futura produttività della pianta.

3. Tecniche di Trapianto Sicure

Il trapianto degli agrumi deve essere eseguito con attenzione perché un intervento scorretto può rallentare la crescita della pianta anche per diverse settimane. Molti principianti commettono errori durante l'estrazione dal vaso o nella sistemazione del nuovo substrato, causando danni alle radici e difficoltà di adattamento. Utilizzare tecniche corrette permette invece di ridurre **stress vegetativo** e favorire una ripresa più rapida e stabile.

Prima di iniziare è utile preparare in anticipo tutto il necessario: nuovo vaso, terriccio, materiali drenanti e attrezzi puliti. Organizzare il lavoro evita di lasciare la pianta troppo tempo con le radici esposte all'aria. Anche il nuovo contenitore deve essere già pronto, con uno strato drenante sul fondo e parte del **terriccio drenante** già inserita.

Un accorgimento molto utile consiste nell'inumidire leggermente il terreno qualche ora prima del trapianto. Un substrato moderatamente umido mantiene più compatto il **pane radicale** e riduce il rischio che le radici si rompano durante l'estrazione. Terreni completamente secchi tendono invece a sgretolarsi facilmente.

Durante la rimozione della pianta dal vaso è importante non tirare direttamente il tronco. È preferibile inclinare leggermente il contenitore e comprimere delicatamente le pareti del vaso per facilitare l'uscita del pane radicale. Se le radici risultano molto compatte o iniziano a girare in cerchio lungo i bordi, possono essere allentate leggermente con le dita senza strapparle in modo aggressivo.

Anche la profondità del trapianto deve essere controllata con attenzione. Il **colletto della pianta** deve rimanere alla stessa altezza del vecchio vaso. Interrare eccessivamente la base del tronco può favorire problemi di umidità e rallentare la crescita. Una volta posizionata la pianta, il terreno va distribuito uniformemente senza pressarlo troppo. Compattare eccessivamente il substrato riduce infatti la **circolazione dell'aria** vicino alle radici.

Dal punto di vista pratico, dopo il trapianto è utile verificare che la pianta rimanga stabile nel nuovo contenitore. Se il tronco oscilla troppo, le giovani radici potrebbero avere difficoltà a stabilizzarsi nel terreno. In alcuni casi può essere utile utilizzare un piccolo tutore temporaneo nelle prime settimane.

La gestione dell'**irrigazione** dopo il trasferimento deve essere equilibrata. Una prima annaffiatura moderata aiuta ad assestare il terreno, ma nei giorni successivi è meglio evitare eccessi d'acqua. Anche la posizione della pianta è importante: nelle prime fasi conviene evitare vento forte, sole troppo intenso o sbalzi termici improvvisi.

Osservare la pianta nei giorni successivi permette di capire rapidamente se il trapianto è riuscito correttamente. Foglie molto afflosciate, ingiallimenti rapidi o crescita bloccata possono indicare problemi radicali o eccessivo stress durante il trasferimento.

Accorgimenti pratici per un trapianto sicuro:

- **Pane radicale compatto:** facilitare estrazione con terreno leggermente umido

- **Radici spiralizzate:** allentarle delicatamente senza strapparle

- **Profondità corretta:** mantenere il colletto alla stessa altezza del vecchio vaso

- **Terreno non compattato:** lasciare sufficiente aerazione alle radici

- **Stabilità della pianta:** evitare movimenti eccessivi dopo il trasferimento

- **Irrigazione moderata:** non saturare il substrato appena trapiantato

- **Controllo post-trapianto:** monitorare foglie e ripresa vegetativa

Molti problemi dopo il trapianto non dipendono dalla varietà dell'agrume, ma da piccole operazioni eseguite in modo scorretto durante il trasferimento. Procedere con calma e attenzione permette invece di ridurre notevolmente il rischio di rallentamenti e favorisce una ripresa più regolare della pianta.

4. Favorire l'Attecchimento delle Piante

L'attecchimento è il periodo in cui l'agrume cerca di adattarsi al nuovo terreno dopo il trapianto. In questa fase la pianta concentra gran parte delle proprie energie nello sviluppo di nuove radici e nella stabilizzazione all'interno del substrato. Molti principianti interpretano alcuni segnali normali come problemi gravi e iniziano a spostare, concimare o annaffiare eccessivamente la pianta, peggiorando la situazione. Favorire l'attecchimento significa soprattutto evitare interventi inutili e lasciare che l'agrume si adatti gradualmente al nuovo ambiente.

Uno degli errori più comuni consiste nel continuare a spostare il vaso nei giorni successivi al trapianto. Cambiare continuamente posizione modifica luce, temperatura e ventilazione, impedendo alla pianta di stabilizzarsi. Dopo il trasferimento è preferibile scegliere subito una **posizione stabile** e mantenerla invariata almeno per le prime settimane.

Anche osservare correttamente le foglie aiuta a capire se l'attecchimento sta procedendo bene. Una lieve perdita di tono o alcune foglie temporaneamente più morbide possono essere normali nei primi giorni. Diverso è il caso di foglie che diventano rapidamente secche, nere o che cadono in grandi quantità. In queste situazioni è utile controllare immediatamente il **pane radicale** e verificare eventuali problemi legati a compressione del terreno o danni alle radici durante il trapianto.

Dal punto di vista pratico, bisogna evitare di concimare troppo presto. Molti coltivatori inesperti aggiungono fertilizzanti subito dopo il trasferimento pensando di accelerare la crescita. In realtà, nelle prime settimane la pianta non ha bisogno di stimoli produttivi ma di condizioni stabili per permettere alle radici di espandersi correttamente nel nuovo substrato.

Anche il controllo della stabilità della pianta è importante. Se il tronco oscilla continuamente a causa del vento o di movimenti del vaso, le giovani radici fanno più fatica a consolidarsi nel terreno. In presenza di chiome pesanti o contenitori leggeri può essere utile utilizzare un piccolo **tutore temporaneo** per mantenere la pianta più stabile durante la fase di adattamento.

Un altro errore frequente consiste nel controllare continuamente le radici estraendo la pianta dal vaso per verificare se sta attecchendo. Questo comportamento interrompe il naturale processo di adattamento e può causare ulteriori danni alle radici appena sviluppate. I segnali più affidabili devono essere osservati nella parte esterna della pianta, soprattutto attraverso la comparsa di **nuovi germogli** o foglie giovani.

I tempi di recupero possono variare in base alla stagione, alla varietà e alle condizioni ambientali. Alcuni agrumi mostrano nuovi segnali di crescita dopo poche settimane, mentre altri richiedono più tempo prima di riprendere uno sviluppo regolare. Per questo motivo è importante evitare interventi impulsivi se la pianta non reagisce immediatamente dopo il trapianto.

Anche la gestione dell'**umidità del terreno** richiede attenzione durante l'attecchimento. Un substrato costantemente fradicio rallenta spesso lo sviluppo radicale, mentre un terreno troppo secco può mettere sotto pressione le radici appena adattate. Controllare il terreno con regolarità aiuta a mantenere condizioni più equilibrate.

Accorgimenti utili per favorire l'attecchimento:

- **Posizione stabile:** evitare continui spostamenti del vaso

- **Pane radicale:** controllare eventuali danni solo se necessario

- **Foglie morbide iniziali:** spesso normali dopo il trapianto

- **Tutore temporaneo:** utile per stabilizzare la pianta

- **Nuovi germogli:** segnale positivo di adattamento

- **Umidità del terreno:** mantenere condizioni equilibrate

- **Controlli moderati:** evitare interventi continui sulle radici

Molti problemi dopo il trapianto derivano più da interventi eccessivi che da reali difficoltà della pianta. Lasciare il tempo necessario all'agrume per adattarsi e osservare con calma i segnali di crescita permette spesso di ottenere risultati migliori senza creare ulteriore stress alla coltivazione.

5. Gestire le Prime Fasi di Crescita

Le prime fasi di crescita degli agrumi sono molto importanti perché influenzano la futura struttura della pianta e la sua capacità di svilupparsi in modo equilibrato. Nei primi mesi dopo germinazione o trapianto, gli agrumi sono particolarmente sensibili a errori di gestione, sbalzi ambientali e interventi troppo aggressivi. In questa fase è fondamentale osservare con attenzione il comportamento della pianta e intervenire solo quando necessario, evitando modifiche continue che potrebbero rallentare lo sviluppo.

Uno degli aspetti più utili da monitorare riguarda la crescita dei nuovi germogli. Una pianta giovane che inizia a produrre **nuove foglie** e piccoli rami sta generalmente reagendo bene alle condizioni di coltivazione. Se invece la crescita si blocca completamente per lunghi periodi oppure i germogli appassiscono rapidamente, è utile controllare eventuali problemi legati al vaso, alla posizione o alla gestione dell'acqua.

Dal punto di vista pratico, molti principianti commettono l'errore di voler accelerare la crescita aumentando fertilizzanti o irrigazioni. In realtà, nelle prime fasi è più importante mantenere stabilità che stimolare velocemente la vegetazione. Una crescita troppo rapida può infatti produrre rami deboli, foglie fragili o sviluppo poco equilibrato della chioma.

Anche la gestione dello spazio è importante durante la crescita iniziale. Le giovani piante devono ricevere una buona **esposizione luminosa**, ma senza essere continuamente spostate da una posizione all'altra. Cambiamenti frequenti di ambiente possono rallentare l'adattamento della pianta e creare piccoli segnali di sofferenza come perdita di foglie o blocchi temporanei della crescita.

Un altro elemento da controllare riguarda la struttura dei nuovi rami. Se alcuni germogli crescono troppo inclinati, deboli o eccessivamente lunghi, è utile ruotare leggermente il vaso ogni tanto per distribuire meglio la luce sulla chioma. Questa semplice operazione aiuta spesso a ottenere uno sviluppo più compatto e ordinato senza interventi drastici.

Anche la pulizia della pianta contribuisce alla crescita corretta. Foglie secche, parti danneggiate o piccoli residui accumulati sul terreno dovrebbero essere rimossi regolarmente. Questo migliora ventilazione e controllo generale della pianta, soprattutto nei vasi collocati in balconi chiusi o ambienti domestici.

Nelle prime fasi è inoltre importante evitare rinvasi troppo frequenti. Molti coltivatori inesperti trasferiscono continuamente la pianta in contenitori più grandi pensando di favorire la crescita. In realtà, un vaso eccessivamente grande può rallentare lo sviluppo iniziale e rendere più difficile il controllo dell'**umidità del terreno**.

Accorgimenti utili nelle prime fasi di crescita:

- **Nuove foglie:** indicano generalmente una buona ripresa vegetativa

- **Esposizione luminosa:** mantenere una posizione stabile e ben illuminata

- **Rotazione del vaso:** utile per distribuire meglio la crescita della chioma

- **Rami troppo deboli:** segnale di crescita poco equilibrata

- **Umidità del terreno:** controllare senza eccedere con l'acqua

- **Pulizia della pianta:** eliminare foglie secche e residui dal vaso

- **Rinvasi moderati:** evitare cambi continui di contenitore

Molti problemi delle giovani piante derivano più da interventi eccessivi che da reali difficoltà di coltivazione. Osservare la crescita con pazienza e correggere solo ciò che è realmente necessario permette agli agrumi di svilupparsi in modo più naturale e stabile.

Con una gestione equilibrata delle prime fasi di crescita, la pianta costruisce gradualmente una struttura più forte e resistente, facilitando anche le future operazioni di potatura e coltivazione.

6. Problemi Comuni Dopo il Trapianto

Dopo il trapianto, gli agrumi possono manifestare diversi segnali di difficoltà legati al periodo di adattamento. Non tutti i cambiamenti osservati indicano necessariamente un problema grave, ma è importante imparare a distinguere i normali sintomi di assestamento da situazioni che richiedono un intervento rapido. Molti principianti tendono infatti a reagire in modo impulsivo ai primi segnali di sofferenza, peggiorando involontariamente le condizioni della pianta.

Uno dei problemi più comuni è la perdita di alcune foglie nei giorni successivi al trasferimento. Una leggera caduta iniziale può essere normale, soprattutto se la pianta ha subito spostamenti importanti o variazioni ambientali. Diverso è il caso di foglie che diventano rapidamente nere, completamente secche oppure cadono in grandi quantità nel giro di pochi giorni. In queste situazioni è utile controllare immediatamente il **pane radicale** e verificare eventuali danni alle radici o eccessiva compressione del terreno.

Anche il blocco della crescita è abbastanza frequente dopo un trapianto. Alcuni agrumi interrompono temporaneamente la produzione di nuovi germogli per concentrare le energie sull'adattamento radicale. Molti coltivatori inesperti interpretano questa pausa come un problema grave e iniziano ad aumentare fertilizzanti o irrigazioni. In realtà, forzare la crescita troppo presto può aumentare ulteriormente lo **stress vegetativo**.

Dal punto di vista pratico, è importante osservare attentamente il comportamento del terreno. Se il substrato rimane costantemente fradicio o produce cattivi odori, potrebbero esserci problemi di **drenaggio insufficiente** o eccesso d'acqua. Al contrario, un terreno che si asciuga completamente nel giro di poche ore può indicare un vaso troppo piccolo oppure radici ancora incapaci di assorbire correttamente l'umidità.

Anche l'aspetto dei nuovi germogli fornisce indicazioni utili. Germogli molto deboli, piegati o che si seccano rapidamente possono segnalare problemi legati alla stabilizzazione della pianta oppure condizioni ambientali troppo aggressive. In questi casi conviene evitare ulteriori spostamenti e lasciare l'agrume in una **posizione stabile** per alcune settimane.

Un altro problema frequente riguarda il cedimento della pianta nel vaso. Se il tronco oscilla continuamente o tende a inclinarsi, le radici fanno più fatica a consolidarsi nel nuovo terreno. In presenza di chiome pesanti o contenitori leggeri, può essere utile utilizzare un **tutore temporaneo** per limitare movimenti eccessivi durante l'adattamento.

Anche i tempi di recupero vengono spesso sottovalutati. Alcuni agrumi mostrano segnali di ripresa rapidamente, mentre altri richiedono diverse settimane prima di tornare a crescere in modo regolare. Intervenire continuamente con nuovi rinvasi, concimazioni o cambi di posizione tende spesso a rallentare ulteriormente il recupero.

Problemi frequenti dopo il trapianto:

- **Caduta delle foglie:** moderata iniziale spesso normale

- **Pane radicale danneggiato:** possibile causa di sofferenza prolungata

- **Stress vegetativo:** aumentato da interventi troppo frequenti

- **Drenaggio insufficiente:** terreno fradicio e cattivi odori nel vaso

- **Posizione stabile:** importante durante la fase di adattamento

- **Tutore temporaneo:** utile se la pianta oscilla troppo

- **Blocchi di crescita:** spesso temporanei dopo il trasferimento

Molti problemi post-trapianto derivano più da correzioni impulsive che da reali difficoltà della pianta. Osservare attentamente i segnali dell'agrume e lasciare il tempo necessario all'adattamento permette spesso di evitare errori che potrebbero rallentare ulteriormente la ripresa vegetativa.

V. Esposizione Solare e Irrigazione: Fattori Chiave per la Crescita

1. L'Importanza della Luce Solare

La luce solare è uno dei fattori più importanti per la crescita degli agrumi. Una corretta esposizione influenza sviluppo della chioma, produzione dei frutti, colore delle foglie e resistenza generale della pianta. Molti problemi apparentemente legati a terreno o irrigazione derivano in realtà da una quantità insufficiente di luce durante la giornata. Per questo motivo, scegliere correttamente la posizione degli agrumi rappresenta una delle decisioni più importanti nella coltivazione domestica.

Gli agrumi necessitano generalmente di almeno **6-8 ore di luce diretta** al giorno per crescere in modo equilibrato. Le varietà coltivate su balconi o terrazzi producono risultati migliori quando vengono collocate in aree esposte a sud o sud-est, dove ricevono sole per buona parte della giornata. In ambienti troppo ombreggiati la pianta tende invece a rallentare crescita e produzione, sviluppando spesso rami sottili e foglie meno compatte.

Uno dei segnali più comuni di scarsa illuminazione è l'allungamento eccessivo dei nuovi germogli. Quando la pianta riceve poca luce, cerca infatti di espandersi rapidamente verso la fonte luminosa, producendo rami lunghi e deboli. Anche il colore delle foglie può diventare meno intenso, mentre la crescita generale appare rallentata rispetto a una pianta ben esposta.

Dal punto di vista pratico, è importante osservare come cambia la luce durante le diverse stagioni. Una posizione perfetta in estate potrebbe diventare troppo ombreggiata durante l'inverno a causa di edifici, tende o alberi vicini. Controllare periodicamente il comportamento della pianta aiuta a capire se l'**esposizione luminosa** rimane adeguata durante tutto l'anno.

Anche gli agrumi coltivati in casa richiedono molta attenzione sotto questo aspetto. Sistemare il vaso troppo lontano dalle finestre riduce rapidamente la quantità di luce disponibile. In ambienti interni è generalmente preferibile collocare la pianta vicino a finestre molto luminose, evitando però il contatto diretto con fonti di calore come termosifoni o stufe.

Durante l'estate, nelle zone particolarmente calde, può essere utile controllare eventuali segnali di eccessiva esposizione. Foglie scolorite, bruciature superficiali o terreno che si asciuga troppo rapidamente possono indicare un'irradiazione troppo intensa nelle ore centrali della giornata. In questi casi è spesso sufficiente spostare leggermente il vaso oppure utilizzare una protezione leggera nelle ore più calde.

Anche la rotazione periodica del vaso può migliorare lo sviluppo della chioma. Se la luce arriva sempre dalla stessa direzione, la pianta tende a crescere in modo sbilanciato. Ruotare gradualmente il contenitore aiuta invece a distribuire meglio la crescita dei rami e a ottenere una struttura più compatta.

Accorgimenti utili per gestire la luce solare:

- **6-8 ore di luce diretta:** ideali per la maggior parte degli agrumi

- **Esposizione luminosa:** preferibili posizioni a sud o sud-est

- **Germogli allungati:** possibile segnale di luce insufficiente

- **Rotazione del vaso:** utile per una crescita più equilibrata

- **Controllo stagionale:** verificare variazioni di luce durante l'anno

- **Protezione estiva:** utile nelle giornate molto calde

- **Coltivazione in interni:** sistemare le piante vicino a finestre luminose

Molti coltivatori inesperti sottovalutano l'importanza della luce e cercano di correggere con fertilizzanti o irrigazioni problemi che derivano semplicemente da una posizione poco adatta. Osservare attentamente il comportamento della pianta permette invece di intervenire in modo più preciso e ottenere una crescita più regolare.

Con una buona gestione della luce solare, gli agrumi sviluppano generalmente foglie più sane, crescita più compatta e una maggiore capacità produttiva nel corso delle stagioni.

2. Come Esporre gli Agrumi Correttamente

Esporre correttamente gli agrumi significa trovare un equilibrio tra luce, temperatura e protezione dagli sbalzi ambientali. Non basta semplicemente collocare la pianta in una zona soleggiata: bisogna anche valutare intensità del sole, durata dell'esposizione e cambiamenti climatici durante l'anno. Una posizione sbagliata può rallentare crescita e produzione, mentre un'esposizione ben studiata permette agli agrumi di svilupparsi in modo più compatto e stabile.

Uno degli errori più comuni consiste nello spostare improvvisamente una pianta da una zona ombreggiata a pieno sole. Gli agrumi devono abituarsi gradualmente alla luce intensa, soprattutto dopo l'inverno o dopo lunghi periodi trascorsi in ambienti interni. Un cambiamento troppo rapido può provocare **bruciature fogliari**, scolorimenti e perdita di parte della vegetazione.

Dal punto di vista pratico, il modo migliore per abituare la pianta al sole consiste nell'aumentare progressivamente le ore di esposizione diretta. Nei primi giorni è spesso sufficiente lasciare l'agrume al sole soltanto nelle ore meno calde della mattina, aumentando gradualmente il tempo di permanenza all'esterno nel corso delle settimane.

Anche la posizione rispetto a muri, parapetti e superfici riflettenti merita attenzione. Pareti molto chiare, pavimenti in pietra o balconi chiusi possono aumentare notevolmente il calore accumulato attorno alla pianta. In estate, questo fenomeno può provocare un surriscaldamento del vaso e accelerare l'asciugatura dell'**umidità del terreno**.

Nella **coltivazione in vaso**, la gestione dell'esposizione è generalmente più semplice perché permette di spostare la pianta in base alle condizioni climatiche. Tuttavia, continui cambi di posizione possono creare piccoli blocchi di adattamento. È quindi preferibile effettuare spostamenti solo quando realmente necessari, mantenendo una **posizione stabile** per periodi abbastanza lunghi.

Anche il vento influisce molto sulla corretta esposizione. Balconi molto aperti o terrazzi esposti a correnti forti possono stressare foglie e giovani germogli, soprattutto nelle prime fasi di crescita. In questi casi può essere utile collocare gli agrumi vicino a barriere naturali o strutture che riducano la forza del vento senza bloccare completamente la luce.

Durante i mesi estivi è importante osservare attentamente i segnali della pianta. Foglie arricciate, margini secchi o perdita di brillantezza possono indicare un'eccessiva esposizione nelle ore più calde. In alcune situazioni può essere utile utilizzare una leggera **ombreggiatura temporanea** durante il pomeriggio, soprattutto per giovani agrumi appena trapiantati.

Anche nei mesi freddi bisogna prestare attenzione all'esposizione. In inverno, una posizione luminosa aiuta la pianta a mantenere un'attività vegetativa più regolare e riduce i problemi legati a umidità stagnante e crescita debole.

Accorgimenti utili per esporre correttamente gli agrumi:

- **Bruciature fogliari:** possibili dopo esposizioni improvvise al sole intenso

- **Adattamento graduale:** aumentare progressivamente le ore di sole diretto

- **Umidità del terreno:** controllare più spesso nei balconi molto caldi

- **Coltivazione in vaso:** facilita gestione e spostamenti stagionali

- **Posizione stabile:** evitare continui cambi di collocazione

- **Ombreggiatura temporanea:** utile nelle giornate estive più aggressive

- **Protezione dal vento:** riduce stress e disidratazione della pianta

Molti problemi legati all'esposizione non dipendono dalla quantità di sole, ma dalla velocità con cui la pianta viene sottoposta a nuove condizioni ambientali. Procedere gradualmente e osservare il comportamento delle foglie permette di adattare meglio la coltivazione alle esigenze reali dell'agrume.

3. Irrigazione in Estate e in Inverno

L'irrigazione degli agrumi cambia molto tra estate e inverno, perché temperatura, vento, esposizione e attività vegetativa influenzano direttamente il consumo d'acqua della pianta. Molti problemi di coltivazione derivano proprio dall'utilizzo delle stesse abitudini durante tutto l'anno, senza adattare quantità e frequenza delle annaffiature alle diverse stagioni. Imparare a osservare il comportamento del terreno e della pianta è quindi più utile che seguire schemi rigidi o irrigazioni automatiche non controllate.

Durante l'estate gli agrumi consumano generalmente più acqua a causa delle alte temperature e della maggiore evaporazione. Nei balconi molto esposti o nei **vasi piccoli**, il terreno può asciugarsi rapidamente anche nel giro di poche ore. In questi casi è utile controllare frequentemente il substrato, soprattutto nei periodi caratterizzati da vento caldo o giornate particolarmente soleggiate.

Dal punto di vista pratico, uno degli errori più comuni consiste nell'annaffiare superficialmente ogni giorno. Piccole quantità d'acqua distribuite solo in superficie favoriscono spesso **radici superficiali** e una crescita meno stabile. È generalmente preferibile effettuare **irrigazioni profonde**, lasciando poi al terreno il tempo necessario per perdere parte dell'umidità prima dell'intervento successivo.

Anche l'orario dell'**irrigazione** è importante. Durante l'estate è spesso consigliabile annaffiare nelle prime ore del mattino oppure la sera, evitando le ore centrali della giornata quando il terreno è molto caldo. Versare acqua fredda su un vaso surriscaldato può creare piccoli **shock termici** e aumentare rapidamente l'evaporazione.

In inverno, invece, il consumo d'acqua diminuisce sensibilmente. Gli agrumi rallentano l'attività vegetativa e il terreno mantiene più a lungo la propria **umidità del terreno**. Continuare ad annaffiare con la stessa frequenza estiva rappresenta uno degli errori più frequenti nelle coltivazioni domestiche. Terreni costantemente bagnati durante i mesi freddi possono favorire problemi radicali e rallentamenti della crescita.

Anche la posizione della pianta modifica molto le esigenze idriche. Un agrume collocato in una veranda luminosa o vicino a fonti di calore consumerà più acqua rispetto a una pianta mantenuta all'esterno durante l'inverno. Per questo motivo è utile controllare sempre il terreno prima di irrigare, evitando automatismi troppo rigidi.

Osservare foglie e substrato aiuta spesso a capire se la gestione dell'acqua è corretta. Foglie afflosciate nelle ore più calde estive possono indicare carenza d'acqua, mentre terreno pesante, odori sgradevoli o crescita rallentata possono segnalare eccessi di irrigazione nei periodi freddi.

Accorgimenti utili per irrigare nelle diverse stagioni:

- **Irrigazione estiva:** controllare frequentemente il terreno nei periodi caldi

- **Annaffiature profonde:** preferibili rispetto a irrigazioni superficiali quotidiane

- **Orari migliori:** mattina presto o sera durante l'estate

- **Umidità del terreno:** verificare sempre prima di aggiungere acqua

- **Riduzione invernale:** diminuire frequenza e quantità d'acqua

- **Vasi piccoli:** tendono ad asciugarsi più rapidamente

- **Controllo delle foglie:** utile per individuare squilibri idrici

Molti coltivatori inesperti cercano regole fisse valide tutto l'anno, ma gli agrumi reagiscono continuamente alle condizioni ambientali. Adattare l'irrigazione alle stagioni e osservare con attenzione il comportamento della pianta permette di mantenere una coltivazione più equilibrata e stabile.

4. Riconoscere Carenze e Eccessi d'Acqua

Capire se un agrume sta ricevendo troppa o troppo poca acqua è fondamentale per mantenere la pianta sana nel tempo. Molti sintomi causati da squilibri idrici vengono spesso confusi con malattie o carenze nutritive, portando a interventi sbagliati che peggiorano ulteriormente la situazione. Imparare a osservare foglie, terreno e velocità di crescita permette invece di riconoscere rapidamente i problemi e correggere la gestione dell'acqua prima che la pianta subisca danni più seri.

Uno dei segnali più comuni di carenza idrica è la perdita di tonicità delle foglie durante le ore più calde della giornata. Le foglie possono apparire molli, leggermente piegate verso il basso oppure meno lucide del normale. Se il problema persiste anche nelle ore serali o mattutine, è probabile che il terreno sia troppo asciutto e che la pianta stia entrando in sofferenza.

Anche la crescita rallentata può indicare problemi di irrigazione. Un agrume che produce pochi **nuovi germogli** o sviluppa foglie molto piccole potrebbe non ricevere acqua sufficiente per sostenere la crescita vegetativa. Nei casi più evidenti, alcune foglie iniziano a seccarsi partendo dalle estremità.

L'eccesso d'acqua crea invece sintomi differenti ma spesso più difficili da interpretare. Molti principianti pensano che foglie gialle o cadenti indichino sete, aumentando ulteriormente l'**irrigazione** quando il vero problema è il terreno troppo bagnato. In presenza di acqua eccessiva, le radici ricevono meno ossigeno e la pianta rallenta gradualmente le proprie funzioni vegetative.

Dal punto di vista pratico, il controllo del terreno è uno dei metodi più affidabili. Un substrato costantemente pesante, freddo o con odori sgradevoli può indicare accumuli di umidità e problemi di **drenaggio insufficiente**. Al contrario, un terreno che si separa facilmente dai bordi del vaso oppure diventa molto duro in superficie tende spesso a segnalare carenze idriche prolungate.

Anche l'aspetto delle foglie aiuta a distinguere i diversi problemi. Foglie secche e croccanti sono più comuni nelle carenze d'acqua, mentre foglie molli, giallastre o che cadono ancora verdi possono comparire in caso di eccessiva umidità. Osservare il colore, la consistenza e la velocità con cui cambiano le foglie aiuta a capire meglio la reale origine del problema.

Nella **coltivazione in vaso**, questi squilibri possono comparire più rapidamente rispetto alla piena terra, soprattutto durante l'estate o nei periodi molto piovosi. Per questo motivo è utile controllare frequentemente il comportamento del substrato invece di seguire irrigazioni automatiche sempre identiche.

Segnali utili per riconoscere squilibri idrici:

- **Foglie molli:** possibile segnale di carenza d'acqua

- **Foglie gialle:** spesso legate a eccessiva irrigazione

- **Nuovi germogli ridotti:** crescita rallentata da squilibri idrici

- **Drenaggio insufficiente:** terreno pesante e odori sgradevoli

- **Terreno troppo secco:** superficie dura e substrato distaccato dal vaso

- **Foglie croccanti:** tipiche delle carenze idriche prolungate

- **Coltivazione in vaso:** richiede controlli più frequenti dell'umidità

Molti errori derivano dal tentativo di correggere rapidamente i sintomi senza osservare attentamente il comportamento della pianta e del terreno. Imparare a distinguere i segnali legati a carenze ed eccessi d'acqua permette invece di intervenire in modo più preciso e meno aggressivo.

Con una buona capacità di osservazione, gli agrumi riescono generalmente a recuperare rapidamente piccoli squilibri idrici senza sviluppare problemi più seri nel lungo periodo.

5. Tecniche per Mantenere il Terreno Equilibrato

Mantenere il terreno equilibrato è fondamentale per garantire agli agrumi una crescita stabile e regolare durante tutto l'anno. Un substrato troppo secco, troppo compatto o continuamente saturo d'acqua può compromettere rapidamente la salute delle radici e rallentare lo sviluppo della pianta. Per questo motivo, oltre all'irrigazione, è importante adottare alcune tecniche pratiche che aiutino il terreno a conservare una struttura più stabile e gestibile nel tempo.

Uno degli aspetti più utili riguarda il controllo della superficie del terreno. Con il passare delle irrigazioni, il substrato tende spesso a compattarsi formando una crosta superficiale che limita il passaggio dell'aria e la distribuzione uniforme dell'acqua. In questi casi può essere utile smuovere delicatamente i primi centimetri di terreno utilizzando una piccola paletta o le dita, evitando però di danneggiare le radici più superficiali.

Anche la gestione del sottovaso è molto importante. Lasciare acqua stagnante per lunghi periodi sotto il contenitore favorisce accumuli di umidità e peggiora il **drenaggio** generale del substrato. Dopo le irrigazioni più abbondanti è consigliabile eliminare l'acqua in eccesso rimasta nel sottovaso, soprattutto durante i mesi freddi.

Dal punto di vista pratico, la pacciamatura può aiutare a mantenere più stabile l'**umidità del terreno** durante l'estate. Utilizzare materiali leggeri come corteccia, fibra vegetale o piccoli frammenti naturali riduce l'evaporazione e protegge il substrato dal surriscaldamento diretto del sole. Questa tecnica risulta particolarmente utile nei **vasi piccoli** o nei terrazzi molto esposti.

Anche la qualità dell'acqua utilizzata può influenzare il terreno nel tempo. Acque molto ricche di calcare tendono gradualmente a indurire il substrato e a lasciare residui sulla superficie. Quando possibile, è utile alternare occasionalmente con acqua piovana o lasciare riposare l'acqua del rubinetto prima dell'utilizzo, soprattutto nelle coltivazioni domestiche in vaso.

Un altro accorgimento utile consiste nel controllare periodicamente la velocità di assorbimento dell'acqua. Se durante l'irrigazione il terreno assorbe troppo lentamente oppure l'acqua scorre immediatamente lungo i bordi del vaso senza penetrare bene nel substrato, potrebbe essere necessario migliorare la struttura del terreno o programmare un futuro rinvaso.

Anche la rotazione stagionale delle irrigazioni aiuta a mantenere il terreno più equilibrato. Nei periodi molto caldi è spesso preferibile aumentare gradualmente quantità e profondità delle annaffiature, mentre durante l'inverno conviene ridurre gli interventi evitando accumuli eccessivi di umidità.

Tecniche utili per mantenere il terreno equilibrato:

- **Terreno compattato:** smuovere delicatamente la superficie del substrato

- **Drenaggio corretto:** evitare acqua stagnante nel sottovaso

- **Umidità del terreno:** mantenere condizioni stabili senza eccessi

- **Pacciamatura leggera:** utile contro evaporazione e surriscaldamento

- **Vasi piccoli:** richiedono controlli più frequenti del substrato

- **Acqua calcarea:** può alterare gradualmente la struttura del terreno

- **Assorbimento dell'acqua:** controllare eventuali difficoltà di penetrazione

Molti problemi legati all'irrigazione dipendono non solo dalla quantità d'acqua utilizzata, ma anche dalle condizioni del terreno nel tempo. Piccoli controlli regolari permettono di mantenere il substrato più stabile e di prevenire numerose difficoltà future.

Con una gestione equilibrata del terreno, gli agrumi riescono generalmente a sviluppare radici più sane e una crescita più regolare durante tutte le stagioni.

6. Gestire il Microclima della Pianta

Il microclima è l'insieme delle condizioni ambientali che si creano attorno alla pianta, come temperatura, umidità, ventilazione e quantità di luce realmente percepita dall'agrume. Anche all'interno dello stesso balcone o giardino possono esistere zone molto differenti tra loro. Per questo motivo, imparare a gestire il microclima permette spesso di migliorare crescita e salute della pianta senza intervenire continuamente con fertilizzanti o trattamenti aggiuntivi.

Uno degli elementi più importanti riguarda la circolazione dell'aria. Un ambiente completamente chiuso o poco ventilato favorisce accumuli di umidità sulle foglie e rallenta l'asciugatura del terreno dopo le irrigazioni. Al contrario, correnti troppo forti possono disidratare rapidamente la pianta, soprattutto nei periodi molto caldi o nelle terrazze esposte al vento.

Dal punto di vista pratico, è utile osservare il comportamento della pianta nelle diverse ore della giornata. Alcuni balconi ricevono sole intenso solo per poche ore ma accumulano molto calore a causa di muri, pavimenti o parapetti che riflettono la luce. Questo effetto può aumentare notevolmente la temperatura attorno al vaso, creando un **microclima caldo** anche quando l'ambiente generale non sembra particolarmente estremo.

Anche la disposizione delle piante influisce molto sul microclima. Collocare gli agrumi troppo vicini tra loro riduce la ventilazione attorno alla chioma e aumenta il rischio di umidità stagnante tra foglie e rami. Lasciare sufficiente spazio tra i vasi migliora invece la **circolazione dell'aria** e facilita anche il controllo generale della pianta.

Nella **coltivazione in terrazzo**, superfici in cemento o pavimentazioni molto scure possono aumentare sensibilmente il calore vicino ai contenitori durante l'estate. In questi casi può essere utile sollevare leggermente i vasi da terra utilizzando supporti o piedini, così da migliorare ventilazione e dispersione del calore sotto il contenitore.

Anche l'umidità ambientale modifica il comportamento della pianta. Ambienti molto secchi, soprattutto in appartamento durante l'inverno, possono causare foglie meno brillanti o margini secchi. In presenza di aria molto asciutta è utile evitare la vicinanza diretta con termosifoni, stufe o fonti di calore costante.

Un altro elemento spesso sottovalutato riguarda gli sbalzi termici improvvisi. Spostare frequentemente l'agrume tra ambienti interni ed esterni può creare difficoltà di adattamento, soprattutto nelle mezze stagioni. È generalmente preferibile effettuare cambi graduali, lasciando alla pianta il tempo necessario per adattarsi alle nuove condizioni ambientali.

Accorgimenti utili per gestire il microclima:

- **Microclima caldo:** frequente vicino a muri e superfici riflettenti

- **Circolazione dell'aria:** importante per evitare umidità stagnante

- **Coltivazione in terrazzo:** attenzione al surriscaldamento dei vasi

- **Spazio tra le piante:** migliora ventilazione e controllo della chioma

- **Aria troppo secca:** possibile vicino a termosifoni e stufe

- **Sbalzi termici:** evitare spostamenti continui tra interno ed esterno

- **Supporti per vasi:** utili per aumentare ventilazione inferiore

Molti problemi di coltivazione derivano da condizioni ambientali poco equilibrate più che da errori di irrigazione o concimazione. Osservare attentamente il comportamento dell'ambiente attorno alla pianta permette spesso di correggere piccoli problemi prima che influenzino crescita e salute dell'agrume.

Con una buona gestione del microclima, gli agrumi riescono generalmente a mantenere una crescita più stabile e ad adattarsi meglio alle variazioni stagionali.

VI. Concimazione e Nutrizione: Come Alimentare gli Agrumi

1. I Nutrienti Essenziali per gli Agrumi

Gli agrumi hanno bisogno di un'alimentazione equilibrata per mantenere crescita regolare, foglie sane e buona produzione di frutti. Una concimazione corretta non serve soltanto ad aumentare la quantità di agrumi prodotti, ma anche a sostenere la resistenza generale della pianta durante le diverse stagioni. Molti problemi apparentemente legati a irrigazione o malattie derivano in realtà da squilibri nutrizionali che si sviluppano lentamente nel tempo.

Tra gli elementi più importanti per gli agrumi c'è l'**azoto**, fondamentale per lo sviluppo della vegetazione e la produzione di nuove foglie. Una carenza di azoto tende spesso a rallentare la crescita e a rendere le foglie più piccole o meno colorate. Al contrario, un eccesso può produrre vegetazione troppo tenera e poco equilibrata, aumentando la sensibilità della pianta agli sbalzi ambientali.

Anche il **potassio** svolge un ruolo molto importante nella coltivazione degli agrumi. Questo elemento contribuisce alla qualità dei frutti, alla resistenza della pianta e alla gestione dell'acqua all'interno dei tessuti vegetali. Piante con carenze di potassio possono mostrare margini fogliari secchi o frutti meno sviluppati.

Il **fosforo** è invece utile soprattutto per il corretto sviluppo radicale e per sostenere le fasi di crescita iniziale della pianta. Nelle giovani coltivazioni o dopo i trapianti, una disponibilità equilibrata di fosforo aiuta gli agrumi a sviluppare un apparato radicale più stabile.

Oltre ai nutrienti principali, gli agrumi richiedono anche diversi **microelementi**. Uno dei più importanti è il ferro, particolarmente utile per mantenere le foglie verdi e sane. In presenza di carenze di ferro, le foglie possono ingiallire mantenendo però le nervature ancora verdi, sintomo molto comune nelle coltivazioni in vaso o nei terreni particolarmente calcarei.

Dal punto di vista pratico, è importante evitare concimazioni casuali o eccessive. Molti principianti aggiungono fertilizzanti troppo frequentemente pensando di accelerare la crescita della pianta. In realtà, un eccesso nutritivo può creare accumuli nel terreno e alterare l'equilibrio dell'**apparato radicale**.

Anche osservare il comportamento delle foglie aiuta spesso a individuare piccoli squilibri nutrizionali. Crescita rallentata, foglie scolorite o sviluppo irregolare dei germogli possono indicare che la pianta non sta ricevendo nutrienti in modo equilibrato. Per questo motivo è utile intervenire gradualmente, evitando cambi improvvisi nella gestione della concimazione.

Nella **coltivazione in vaso**, il controllo nutrizionale diventa ancora più importante perché le sostanze presenti nel terreno si esauriscono più rapidamente rispetto alla piena terra. Una gestione regolare e moderata della concimazione aiuta quindi a mantenere condizioni più stabili durante tutto l'anno.

Nutrienti importanti per gli agrumi:

- **Azoto:** favorisce crescita vegetativa e sviluppo delle foglie

- **Potassio:** utile per resistenza e qualità dei frutti

- **Fosforo:** sostiene sviluppo radicale e crescita iniziale

- **Microelementi:** importanti per equilibrio generale della pianta

- **Apparato radicale:** sensibile a eccessi nutritivi nel terreno

- **Foglie ingiallite:** possibile segnale di carenze nutrizionali

- **Coltivazione in vaso:** richiede controlli nutrizionali più frequenti

Molti squilibri nutrizionali si sviluppano lentamente e vengono sottovalutati nelle prime fasi. Imparare a osservare la pianta e intervenire con gradualità permette di mantenere gli agrumi più sani e produttivi nel tempo.

2. Concimi Naturali e Concimi Specifici

La scelta del concime influisce direttamente sulla crescita e sulla produttività degli agrumi. Oggi esistono numerosi prodotti differenti, dai fertilizzanti naturali ai concimi specifici formulati appositamente per agrumi coltivati in vaso o in piena terra. Comprendere le differenze principali tra queste soluzioni aiuta a evitare utilizzi casuali o eccessivi che potrebbero alterare l'equilibrio della pianta e del terreno.

I **concimi naturali** vengono spesso utilizzati per migliorare gradualmente la struttura del substrato e fornire nutrienti in modo più lento e costante. Materiali come compost maturo, stallatico ben decomposto o humus di lombrico aiutano a mantenere il terreno più ricco e favoriscono una migliore attività biologica nel substrato. Tuttavia, questi prodotti richiedono generalmente tempi più lunghi prima di mostrare effetti evidenti sulla crescita della pianta.

I **concimi specifici per agrumi**, invece, sono formulati per fornire quantità più precise di nutrienti come azoto, potassio e microelementi. Molti di questi fertilizzanti contengono anche sostanze utili per prevenire problemi frequenti nelle coltivazioni in vaso, come ingiallimenti fogliari o crescita rallentata. Dal punto di vista pratico, risultano spesso più semplici da utilizzare per i principianti perché riportano dosaggi e frequenze abbastanza chiare.

Uno degli errori più comuni consiste nel mescolare troppi prodotti differenti nel tentativo di ottenere risultati più rapidi. Utilizzare contemporaneamente fertilizzanti liquidi, granulari e naturali senza un criterio preciso può creare squilibri nutritivi e accumuli eccessivi nel terreno. È generalmente preferibile adottare una gestione più semplice e regolare, osservando nel tempo la risposta della pianta.

Anche la modalità di distribuzione del concime è importante. I fertilizzanti granulari vengono solitamente distribuiti sulla superficie del terreno e rilasciano nutrienti gradualmente con le irrigazioni. I **concimi liquidi**, invece, agiscono più rapidamente ma richiedono maggiore attenzione nei dosaggi per evitare eccessi nutritivi o stress alle radici.

Nella **coltivazione in vaso**, la concimazione tende ad assumere un ruolo ancora più importante perché il terreno disponibile è limitato e i nutrienti vengono consumati più velocemente. Per questo motivo molti coltivatori utilizzano piccole concimazioni regolari durante il periodo vegetativo invece di interventi molto abbondanti ma sporadici.

Anche il periodo dell'anno influisce sulla scelta del fertilizzante. Durante la crescita primaverile gli agrumi richiedono generalmente un maggiore supporto nutritivo, mentre nei mesi freddi conviene ridurre le concimazioni per evitare una vegetazione troppo debole o poco equilibrata.

Caratteristiche dei diversi concimi per agrumi:

- **Concimi naturali:** rilascio più lento e graduale dei nutrienti

- **Concimi specifici per agrumi:** formulati per esigenze nutrizionali precise

- **Concimi liquidi:** azione più rapida ma dosaggi da controllare

- **Fertilizzanti granulari:** rilascio progressivo attraverso le irrigazioni

- **Coltivazione in vaso:** nutrienti consumati più rapidamente

- **Concimazioni eccessive:** possibili accumuli nel terreno

- **Periodo vegetativo:** fase più adatta per concimazioni regolari

Molti problemi di nutrizione derivano dall'utilizzo eccessivo di fertilizzanti o dalla convinzione che più concime significhi automaticamente crescita migliore. Una gestione equilibrata e progressiva permette invece agli agrumi di svilupparsi in modo più stabile e regolare nel tempo.

3. Quando Concimare le Piante

Concimare gli agrumi nel momento corretto è importante tanto quanto scegliere il fertilizzante adatto. Anche un buon concime può risultare poco efficace se distribuito nei periodi sbagliati o in condizioni non adatte alla crescita della pianta. Gli agrumi attraversano infatti diverse fasi vegetative durante l'anno e le esigenze nutrizionali cambiano in base a stagione, temperatura e sviluppo della vegetazione.

Il periodo generalmente più favorevole per iniziare la concimazione è la primavera, quando la pianta riprende gradualmente l'attività vegetativa dopo i mesi freddi. In questa fase gli agrumi iniziano a produrre **nuovi germogli**, foglie e rami giovani, aumentando il consumo di nutrienti presenti nel terreno. Una **concimazione moderata** e regolare aiuta quindi la pianta a sostenere la crescita senza creare squilibri.

Durante l'estate la gestione della nutrizione deve essere più equilibrata. Nei periodi molto caldi gli agrumi possono rallentare temporaneamente parte della crescita vegetativa, soprattutto nelle giornate caratterizzate da forte caldo e elevata evaporazione. In queste condizioni è spesso preferibile evitare concimazioni troppo abbondanti, che potrebbero aumentare lo **stress vegetativo** o favorire una crescita troppo debole.

Anche l'autunno richiede attenzione. In molte situazioni è possibile effettuare leggere concimazioni di mantenimento, soprattutto nelle zone dal clima mite. Tuttavia, stimolare eccessivamente la vegetazione poco prima dell'inverno può produrre **germogli delicati** e più sensibili al freddo.

Durante l'inverno, invece, la maggior parte degli agrumi riduce significativamente l'attività vegetativa. In questa fase le esigenze nutritive diminuiscono e le concimazioni devono essere fortemente ridotte oppure sospese, soprattutto nelle coltivazioni esposte a temperature basse. Continuare a fertilizzare regolarmente durante i mesi freddi rappresenta uno degli errori più frequenti tra i principianti.

Dal punto di vista pratico, è importante osservare sempre le condizioni reali della pianta prima di concimare. Un agrume appena trapiantato, indebolito o in evidente sofferenza non dovrebbe ricevere immediatamente grandi quantità di fertilizzante. In questi casi è generalmente più utile stabilizzare prima irrigazione, esposizione e condizioni del terreno.

Anche la frequenza delle concimazioni deve essere gestita con equilibrio. Molti coltivatori inesperti utilizzano dosi elevate a intervalli molto lunghi, mentre spesso risulta più efficace distribuire **dosaggi moderati** con maggiore regolarità durante il periodo vegetativo.

Nella **coltivazione in vaso**, i nutrienti si consumano più rapidamente rispetto alla piena terra. Per questo motivo le piante coltivate in contenitore richiedono controlli più frequenti e una gestione nutrizionale più costante durante i mesi di crescita attiva.

Indicazioni utili per la concimazione degli agrumi:

- **Nuovi germogli:** segnale di ripresa vegetativa primaverile

- **Stress vegetativo:** possibile con concimazioni eccessive durante il caldo

- **Concimazioni autunnali leggere:** utili solo nei climi miti

- **Periodo invernale:** spesso richiede sospensione della fertilizzazione

- **Piante appena trapiantate:** evitare eccessi nutritivi iniziali

- **Coltivazione in vaso:** nutrienti consumati più rapidamente

- **Dosaggi moderati:** preferibili rispetto a interventi troppo abbondanti

Molti problemi nutrizionali derivano da concimazioni effettuate senza considerare il reale momento vegetativo della pianta. Osservare stagioni, crescita e condizioni generali dell'agrume permette invece di distribuire i nutrienti in modo più efficace e sicuro.

4. Correggere Carenze Nutritive Comuni

Le carenze nutritive negli agrumi si manifestano spesso attraverso cambiamenti visibili nelle foglie, nella crescita dei germogli o nella qualità dei frutti. Riconoscere rapidamente questi segnali permette di intervenire prima che la pianta entri in una fase di sofferenza più evidente. Molti principianti tendono però ad aggiungere fertilizzanti in modo casuale senza capire quale sia realmente il problema, rischiando di peggiorare ulteriormente l'equilibrio nutritivo del terreno.

Una delle carenze più frequenti riguarda il ferro. Negli agrumi, la mancanza di questo elemento provoca spesso foglie ingiallite con nervature ancora verdi, soprattutto nelle foglie più giovani. Questo fenomeno, chiamato **clorosi ferrica**, compare frequentemente nei terreni molto calcarei o nelle coltivazioni in vaso irrigate con acqua ricca di calcare.

Dal punto di vista pratico, in presenza di clorosi è utile verificare prima le condizioni del terreno e dell'acqua utilizzata. In alcuni casi non è la quantità di ferro a mancare, ma la difficoltà della pianta ad assorbirlo correttamente a causa del **pH elevato** del substrato. Utilizzare prodotti specifici a base di **ferro chelato** può aiutare a migliorare gradualmente il colore e la salute delle foglie.

Anche la carenza di **azoto** produce sintomi abbastanza riconoscibili. Le foglie tendono a diventare più chiare, la crescita rallenta e i nuovi germogli risultano meno vigorosi. In queste situazioni è importante intervenire con gradualità evitando concimazioni troppo abbondanti che potrebbero creare uno sviluppo improvvisamente eccessivo della vegetazione.

La mancanza di **potassio** può invece comparire attraverso margini fogliari secchi o frutti poco sviluppati. Questo problema si manifesta più facilmente nelle piante coltivate da molto tempo nello stesso vaso senza un corretto rinnovo del substrato o senza concimazioni equilibrate durante il periodo vegetativo.

Anche il **magnesio** è importante per gli agrumi. Una sua carenza tende spesso a provocare ingiallimenti nelle zone centrali delle foglie più vecchie, lasciando alcune parti ancora verdi. Osservare attentamente quali foglie vengono colpite per prime aiuta spesso a distinguere le diverse carenze nutritive.

Nella **coltivazione in vaso**, gli squilibri possono comparire più rapidamente rispetto alla piena terra perché i nutrienti disponibili sono limitati e vengono consumati più velocemente. Per questo motivo è utile controllare periodicamente lo stato generale della pianta e intervenire con **correzioni graduali** invece di attendere sintomi troppo evidenti.

Anche la pazienza è importante durante le correzioni nutrizionali. Molti agrumi non mostrano miglioramenti immediati dopo una concimazione correttiva. Le foglie già danneggiate spesso non tornano completamente sane, mentre i segnali positivi si osservano soprattutto nella crescita successiva della pianta.

Carenze nutritive comuni negli agrumi:

- **Clorosi ferrica:** foglie gialle con nervature ancora verdi

- **pH elevato:** può limitare assorbimento del ferro

- **Ferro chelato:** utile nei terreni molto calcarei

- **Azoto:** crescita lenta e foglie più chiare

- **Potassio insufficiente:** margini secchi e frutti meno sviluppati

- **Magnesio:** ingiallimenti sulle foglie più vecchie

- **Correzioni graduali:** evitare eccessi improvvisi di fertilizzante

Molti problemi nutrizionali possono essere corretti con successo se individuati nelle fasi iniziali. Imparare a osservare attentamente le foglie e il comportamento generale della pianta permette di intervenire in modo più preciso e mantenere gli agrumi più sani nel tempo.

5. Nutrizione delle Piante in Vaso

Gli agrumi coltivati in vaso richiedono una gestione nutrizionale più attenta rispetto alle piante coltivate in piena terra. Il terreno disponibile all'interno del contenitore è limitato e, con il passare del tempo, i nutrienti vengono consumati rapidamente dalle radici oppure dispersi attraverso le irrigazioni frequenti. Per questo motivo, mantenere una nutrizione equilibrata diventa fondamentale per sostenere crescita, produzione e salute generale della pianta.

Uno degli aspetti più importanti nella **coltivazione in vaso** riguarda la regolarità delle concimazioni. Molti principianti tendono a intervenire solo quando la pianta mostra evidenti segnali di sofferenza, ma spesso le carenze nutritive iniziano molto prima dei sintomi visibili. Una **concimazione regolare** e moderata durante il periodo vegetativo permette generalmente di mantenere una crescita più stabile e una vegetazione più equilibrata.

Anche la scelta del fertilizzante influisce molto sulla gestione nutrizionale. I **concimi granulari** a **rilascio lento** permettono di distribuire nutrienti gradualmente nel tempo e risultano spesso pratici per chi coltiva pochi agrumi su balconi o terrazzi. I **concimi liquidi**, invece, agiscono più rapidamente ma richiedono maggiore attenzione nei dosaggi e nella frequenza di utilizzo per evitare accumuli o squilibri nel substrato.

Dal punto di vista pratico, è importante considerare anche la dimensione del vaso. I **vasi piccoli** tendono a esaurire rapidamente le sostanze nutritive disponibili e richiedono controlli più frequenti. In alcuni casi, anche con una buona concimazione, il terreno può perdere progressivamente struttura e capacità drenante, rendendo necessario un rinnovo parziale del substrato o un futuro rinvaso.

Anche la gestione delle irrigazioni influenza molto la nutrizione. Annaffiature molto frequenti, soprattutto durante l'estate, possono accelerare il **dilavamento dei nutrienti** presenti nel terreno. Per questo motivo, nei mesi più caldi, gli agrumi in vaso possono richiedere controlli nutrizionali più regolari rispetto alle piante coltivate direttamente in giardino.

Un altro errore abbastanza comune consiste nel somministrare fertilizzanti a una pianta già in evidente sofferenza radicale. Se il terreno risulta troppo compatto, maleodorante o costantemente bagnato, è spesso più utile correggere prima le condizioni del substrato piuttosto che aumentare semplicemente la quantità di concime. Un **apparato radicale** in difficoltà assorbe infatti i nutrienti in modo meno efficace.

Anche osservare le foglie aiuta a capire se la gestione nutrizionale è adeguata. Foglie molto pallide, crescita debole o produzione ridotta di nuovi germogli possono indicare che il terreno non riesce più a sostenere correttamente lo sviluppo della pianta. In queste situazioni può essere utile valutare lo stato generale del **substrato esausto** e programmare interventi graduali di miglioramento.

Accorgimenti utili per nutrire gli agrumi in vaso:

- **Coltivazione in vaso:** nutrienti consumati più rapidamente

- **Concimazione regolare:** preferibile rispetto a interventi sporadici abbondanti

- **Concimi granulari:** rilascio progressivo dei nutrienti

- **Rilascio lento:** utile per mantenere maggiore equilibrio nutritivo

- **Concimi liquidi:** azione più rapida ma dosaggi da controllare

- **Dilavamento dei nutrienti:** aumentato da irrigazioni molto frequenti

- **Substrato esausto:** possibile nei vasi coltivati da molti anni

Molti problemi nutrizionali nelle coltivazioni in vaso derivano dalla convinzione che il terreno mantenga sempre le stesse proprietà nel tempo. Controllare periodicamente condizioni del substrato, crescita e risposta della pianta permette invece di mantenere gli agrumi più equilibrati e produttivi durante le diverse stagioni.

6. Errori Frequenti nella Concimazione

La concimazione degli agrumi richiede equilibrio e continuità. Molti problemi di crescita non derivano dalla mancanza di fertilizzanti, ma da errori nella quantità, nella frequenza o nella scelta dei prodotti utilizzati. I principianti tendono spesso a pensare che aumentare il concime significhi automaticamente ottenere piante più forti e produttive, ma nella pratica gli eccessi risultano spesso più dannosi delle leggere carenze.

Uno degli errori più comuni consiste nel concimare troppo frequentemente. Somministrare fertilizzanti a intervalli troppo ravvicinati può provocare accumuli di sostanze nel terreno e alterare il normale equilibrio dell'**apparato radicale**. In presenza di eccessi nutritivi, gli agrumi possono sviluppare foglie deformate, crescita troppo tenera o rallentamenti improvvisi della vegetazione.

Anche aumentare eccessivamente i dosaggi rappresenta un problema frequente. Molti coltivatori inesperti raddoppiano le quantità consigliate pensando di accelerare la crescita della pianta. In realtà, concentrazioni troppo elevate di fertilizzante possono causare piccoli danni radicali e peggiorare la capacità della pianta di assorbire acqua e nutrienti.

Un altro errore abbastanza diffuso riguarda la concimazione di piante già stressate. Un agrume appena trapiantato, colpito da problemi radicali o mantenuto in condizioni ambientali poco adatte non dovrebbe ricevere immediatamente grandi quantità di concime. In questi casi è generalmente più utile stabilizzare prima **irrigazione**, esposizione e qualità del terreno.

Anche utilizzare fertilizzanti non adatti può creare difficoltà nel tempo. Alcuni prodotti molto ricchi di azoto favoriscono una crescita vegetativa eccessiva, producendo rami lunghi e poco resistenti. Una vegetazione troppo tenera tende inoltre a essere più vulnerabile agli sbalzi climatici e agli errori di coltivazione.

Nella **coltivazione in vaso**, uno degli errori più frequenti consiste nel non considerare il progressivo impoverimento del terreno. Molti agrumi vengono coltivati per anni nello stesso substrato senza rinnovi o controlli nutrizionali adeguati. In queste condizioni, anche aumentando la concimazione, il terreno può perdere gradualmente struttura e capacità di trattenere correttamente i nutrienti.

Dal punto di vista pratico, è importante evitare anche la distribuzione del concime su terreno completamente secco. In queste situazioni il fertilizzante può risultare troppo aggressivo per le radici, soprattutto durante i periodi molto caldi. È generalmente preferibile intervenire con il terreno leggermente umido per favorire una distribuzione più equilibrata dei nutrienti.

Anche cambiare continuamente tipo di fertilizzante senza osservare i risultati può creare confusione nella gestione della pianta. Una **concimazione regolare** e moderata permette spesso di ottenere risultati migliori rispetto a continui cambi di prodotto o strategie improvvisate.

Errori comuni nella concimazione degli agrumi:

- **Apparato radicale:** sensibile agli eccessi nutritivi

- **Dosaggi eccessivi:** possono rallentare la crescita della pianta

- **Irrigazione errata:** peggiora assorbimento dei nutrienti

- **Vegetazione troppo tenera:** favorita da eccessi di azoto

- **Coltivazione in vaso:** terreno soggetto a impoverimento progressivo

- **Terreno completamente secco:** poco adatto alla distribuzione del concime

- **Concimazione regolare:** preferibile rispetto a interventi estremi

Molti problemi di concimazione derivano dalla fretta di ottenere risultati rapidi. Gestire nutrienti e fertilizzanti con gradualità permette invece agli agrumi di svilupparsi in modo più stabile e di mantenere una crescita più equilibrata nel tempo.

VII. Potatura e Cura delle Piante: Promuovere la Salute e la Fruttificazione

1. Perché Potare gli Agrumi

La potatura degli agrumi non serve soltanto a modificare la forma della pianta, ma rappresenta un intervento importante per migliorare salute, equilibrio vegetativo e produzione dei frutti. Molti principianti vedono la **potatura** come un'operazione complicata o rischiosa, ma nella pratica gli agrumi richiedono spesso interventi moderati e ragionati piuttosto che tagli aggressivi. Comprendere lo scopo reale della potatura aiuta a evitare errori comuni e a intervenire con maggiore sicurezza.

Uno dei principali obiettivi della **potatura di mantenimento** consiste nel migliorare la circolazione dell'aria e la distribuzione della luce all'interno della chioma. Quando i rami diventano troppo fitti o disordinati, le parti interne della pianta ricevono meno luce e tendono a mantenere maggiore umidità. Questo ambiente può favorire crescita debole, vegetazione poco equilibrata e comparsa di problemi sulle foglie.

Dal punto di vista pratico, eliminare **rami secchi**, parti danneggiate o vegetazione molto debole aiuta la pianta a concentrare meglio le proprie energie sulla crescita sana. Anche i rami che crescono verso l'interno della chioma oppure che si incrociano continuamente possono essere rimossi gradualmente per migliorare ordine e ventilazione generale.

La potatura è utile anche per controllare dimensioni e forma della pianta, soprattutto nella **coltivazione in vaso** dove lo spazio disponibile è limitato. Agrumi troppo sviluppati rispetto al contenitore tendono spesso a diventare più difficili da gestire durante spostamenti, irrigazioni e controlli stagionali.

Anche la produzione dei frutti può beneficiare di una gestione equilibrata della chioma. Una pianta molto disordinata o eccessivamente compatta tende infatti a distribuire peggio luce e nutrienti tra rami e vegetazione. Una struttura più ordinata favorisce invece uno sviluppo più regolare dei germogli e una crescita più equilibrata dei frutti.

Uno degli errori più frequenti consiste nel praticare una **potatura aggressiva**. Molti coltivatori inesperti effettuano tagli drastici pensando di stimolare rapidamente nuova vegetazione. In realtà, interventi troppo pesanti possono creare forte stress alla pianta e provocare la crescita di numerosi **germogli deboli** e disordinati.

Anche il periodo della potatura è importante. Intervenire durante fasi di forte freddo o nei momenti di maggiore stress vegetativo può rallentare la ripresa della pianta. Per questo motivo è generalmente preferibile effettuare interventi moderati nei periodi più favorevoli alla crescita e al recupero vegetativo.

Dal punto di vista operativo, è utile utilizzare sempre **forbici affilate** e strumenti ben puliti. Tagli poco precisi o schiacciati cicatrizzano più lentamente e possono aumentare il rischio di problemi nei punti di taglio. Anche la qualità del taglio influisce sulla futura salute della pianta.

Vantaggi principali della potatura degli agrumi:

- **Potatura moderata:** migliora equilibrio e gestione della pianta

- **Circolazione dell'aria:** utile per ridurre umidità nella chioma

- **Rami secchi:** da eliminare per favorire vegetazione sana

- **Coltivazione in vaso:** facilita controllo delle dimensioni

- **Potatura aggressiva:** può causare stress vegetativo eccessivo

- **Germogli deboli:** frequenti dopo tagli troppo drastici

- **Forbici affilate:** favoriscono tagli più puliti e precisi

Molti problemi legati alla potatura derivano dall'eccesso di interventi oppure dalla paura di effettuare piccoli tagli utili alla gestione della pianta. Procedere con gradualità e osservare la risposta dell'agrume permette generalmente di ottenere risultati più equilibrati e naturali nel tempo.

2. Tecniche di Potatura Base

Le tecniche di potatura base permettono di mantenere gli agrumi ordinati, sani e più semplici da gestire nel tempo. Per ottenere buoni risultati non è necessario effettuare interventi complessi o molto invasivi. Nella maggior parte dei casi, una gestione regolare e moderata della chioma è sufficiente per migliorare ventilazione, distribuzione della luce e sviluppo generale della pianta.

Uno degli interventi più semplici consiste nella rimozione dei **rami secchi** o chiaramente danneggiati. Queste parti della pianta non contribuiscono più alla crescita e possono ostacolare ventilazione e controllo generale della chioma. Eliminare gradualmente i rami compromessi aiuta inoltre a mantenere la pianta più ordinata e facile da osservare.

Dal punto di vista pratico, è importante effettuare tagli puliti e precisi. Utilizzare **forbici affilate** riduce il rischio di schiacciare i tessuti vegetali e favorisce una cicatrizzazione più rapida. I tagli dovrebbero essere eseguiti con inclinazione leggera, evitando di lasciare monconi troppo lunghi che potrebbero seccarsi nel tempo.

Anche i rami che crescono verso l'interno della chioma meritano attenzione. Quando molti rami si sviluppano nella parte centrale della pianta, la ventilazione interna diminuisce e alcune zone ricevono poca luce. In questi casi può essere utile alleggerire gradualmente la vegetazione interna attraverso una **potatura di alleggerimento** moderata.

Un'altra tecnica molto utile consiste nell'eliminare i **germogli deboli** o molto sottili che difficilmente riusciranno a sostenere una crescita equilibrata. Questi germogli tendono spesso a sottrarre energie alla pianta senza contribuire realmente allo sviluppo produttivo dell'agrume.

Nella **coltivazione in vaso**, la gestione della forma diventa particolarmente importante. Agrumi troppo alti o con chiome molto sbilanciate possono risultare instabili durante gli spostamenti o più difficili da mantenere equilibrati nel tempo. Interventi leggeri e regolari aiutano invece a controllare meglio dimensioni e struttura della pianta.

Anche la frequenza della potatura deve essere gestita con equilibrio. Molti principianti intervengono continuamente sui rami appena cresciuti, rischiando di rallentare inutilmente la vegetazione. È generalmente preferibile osservare la crescita della pianta e intervenire solo quando i rami iniziano realmente a creare disordine o eccessiva densità nella chioma.

Dal punto di vista operativo, è utile controllare sempre lo stato degli strumenti prima della potatura. Lame sporche o arrugginite possono peggiorare la qualità del taglio e aumentare il rischio di problemi nei punti di incisione.

Tecniche base utili per potare gli agrumi:

- **Rami secchi:** da eliminare per migliorare ordine e ventilazione

- **Forbici affilate:** favoriscono tagli più puliti e precisi

- **Potatura di alleggerimento:** utile per migliorare luce nella chioma

- **Germogli deboli:** da rimuovere se troppo sottili o disordinati

- **Coltivazione in vaso:** richiede maggiore controllo della forma

- **Tagli inclinati:** aiutano la cicatrizzazione dei rami

- **Chioma troppo fitta:** può limitare ventilazione e luce interna

Molti errori nella potatura derivano dall'eccesso di interventi o dalla fretta di modificare rapidamente la forma della pianta. Una gestione graduale e ragionata permette invece agli agrumi di mantenere una crescita più stabile ed equilibrata nel tempo.

3. Eliminare Rami Secchi e Deboli

La rimozione dei rami secchi e deboli rappresenta uno degli interventi più semplici ma anche più utili nella gestione degli agrumi. Questi rami non contribuiscono in modo efficace alla crescita della pianta e, con il tempo, possono ostacolare ventilazione, distribuzione della luce e sviluppo equilibrato della chioma. Intervenire regolarmente con piccoli tagli mirati aiuta quindi a mantenere la pianta più sana e ordinata senza effettuare potature aggressive.

Uno dei primi aspetti da imparare riguarda il riconoscimento dei **rami secchi**. In molti casi questi rami appaiono più rigidi, fragili e privi di vegetazione attiva. Anche il colore della corteccia può cambiare, diventando più opaco o grigiastro rispetto ai rami sani. Se un ramo si spezza facilmente o presenta tessuti completamente asciutti, è generalmente opportuno eliminarlo.

Dal punto di vista pratico, è importante effettuare tagli puliti vicino al punto di origine del ramo, evitando però di danneggiare il tronco principale o i tessuti circostanti. Lasciare **monconi secchi** troppo lunghi può favorire deterioramenti progressivi e rendere la chioma più disordinata nel tempo.

Anche i **rami deboli** meritano attenzione. Si tratta spesso di rami molto sottili, piegati o cresciuti in modo disordinato verso l'interno della chioma. Questi elementi tendono raramente a sostenere una crescita equilibrata o una buona fruttificazione, sottraendo però energia alla vegetazione più sana.

Nella **coltivazione in vaso**, il controllo dei rami deboli è ancora più importante perché lo spazio disponibile è limitato e la pianta deve mantenere una struttura più compatta e stabile. Eliminare gradualmente vegetazione inutile aiuta spesso a migliorare anche ventilazione e gestione generale della pianta.

Anche il momento dell'intervento può influenzare il risultato finale. È generalmente preferibile evitare tagli durante giornate molto fredde o periodi di forte stress vegetativo. Intervenire in condizioni più favorevoli permette alla pianta di cicatrizzare i tagli con maggiore rapidità.

Dal punto di vista operativo, è utile controllare sempre lo stato delle lame prima della potatura. Utilizzare **forbici affilate** e pulite aiuta a ottenere tagli più netti e riduce il rischio di schiacciare i tessuti vegetali. Dopo aver eliminato i rami secchi, conviene inoltre osservare attentamente la struttura generale della chioma per verificare se la ventilazione interna sia migliorata.

Anche eliminare troppi rami contemporaneamente rappresenta un errore abbastanza frequente. Una **potatura eccessiva** può infatti stressare inutilmente la pianta, soprattutto se l'agrume è già indebolito o coltivato in condizioni non ottimali.

Indicazioni utili per eliminare rami secchi e deboli:

- **Rami secchi:** riconoscibili da tessuti rigidi e privi di vegetazione
- **Monconi secchi:** da evitare dopo il taglio
- **Rami deboli:** spesso sottili e poco produttivi

- **Coltivazione in vaso:** richiede chiome più compatte e ordinate

- **Forbici affilate:** utili per tagli puliti e precisi

- **Potatura eccessiva:** può aumentare stress vegetativo

- **Ventilazione interna:** migliora dopo la rimozione dei rami inutili

Molti agrumi migliorano rapidamente aspetto e gestione generale anche attraverso piccoli interventi regolari di pulizia della chioma. Eliminare gradualmente rami secchi e deboli permette alla pianta di mantenere una struttura più equilibrata e una crescita più sana nel tempo.

4. Favorire la Produzione dei Frutti

La produzione dei frutti negli agrumi dipende dall'equilibrio generale della pianta e non soltanto dalla presenza di fiori o fertilizzanti. Luce, irrigazione, nutrizione e gestione della chioma lavorano insieme per sostenere lo sviluppo dei frutti durante le diverse fasi vegetative. Molti principianti si concentrano esclusivamente sulla quantità di agrumi prodotti, trascurando invece le condizioni che permettono alla pianta di mantenere una fruttificazione stabile e regolare nel tempo.

Uno degli aspetti più importanti riguarda la gestione della **chioma equilibrata**. Una pianta troppo fitta tende a distribuire peggio luce e aria tra i rami, creando zone interne meno produttive. Una chioma ordinata permette invece ai frutti di ricevere maggiore luce e favorisce uno sviluppo più uniforme della vegetazione.

Dal punto di vista pratico, è importante evitare potature troppo aggressive durante le fasi di crescita e produzione. Eliminare eccessiva vegetazione in poco tempo può ridurre temporaneamente la capacità della pianta di sostenere lo sviluppo dei frutti. È generalmente preferibile effettuare interventi graduali e mirati, concentrandosi soprattutto sui rami improduttivi o disordinati.

Anche l'equilibrio della **concimazione** influisce molto sulla produzione. Eccessi di azoto tendono spesso a favorire una crescita vegetativa molto intensa a discapito della fruttificazione. In queste situazioni la pianta produce molti nuovi germogli ma tende a sviluppare meno frutti oppure agrumi meno equilibrati nella maturazione.

L'**irrigazione regolare** rappresenta un altro elemento fondamentale. Lunghi periodi di terreno molto secco alternati a irrigazioni abbondanti possono creare stress alla pianta e favorire caduta precoce di piccoli frutti o rallentamenti nello sviluppo. Mantenere condizioni più stabili aiuta generalmente gli agrumi a sostenere meglio la fase produttiva.

Anche la quantità di frutti presenti sulla pianta può influenzare la qualità finale della produzione. In alcuni casi, soprattutto nelle piante giovani o coltivate in vaso, una fruttificazione eccessiva tende a indebolire l'agrume e a produrre frutti più piccoli. Osservare il comportamento della pianta aiuta a capire se il carico produttivo sia realmente sostenibile.

Nella **coltivazione in vaso**, il controllo della produzione è ancora più importante perché le radici hanno uno spazio limitato e le risorse disponibili risultano inferiori rispetto alla piena terra. Per questo motivo, le piante coltivate in contenitore richiedono spesso una gestione più attenta di irrigazione, nutrizione ed esposizione.

Anche la luce svolge un ruolo centrale nella fruttificazione. Zone della chioma costantemente ombreggiate tendono generalmente a produrre meno oppure a sviluppare frutti meno equilibrati nella maturazione. Una buona distribuzione della luce favorisce invece crescita e qualità della produzione.

Accorgimenti utili per favorire la fruttificazione:

- **Chioma equilibrata:** migliora distribuzione di luce e aria

- **Potature moderate:** preferibili rispetto a tagli aggressivi

- **Concimazione equilibrata:** evitare eccessi di azoto

- **Irrigazione regolare:** utile per ridurre stress vegetativo

- **Fruttificazione eccessiva:** può indebolire le piante giovani

- **Coltivazione in vaso:** richiede controlli più frequenti

- **Esposizione luminosa:** importante per qualità e sviluppo dei frutti

Molti problemi produttivi derivano da squilibri nella gestione generale della pianta più che dalla mancanza di fertilizzanti o trattamenti specifici. Curare progressivamente chioma, irrigazione e nutrizione permette generalmente agli agrumi di mantenere una produzione più stabile e sana nel tempo.

5. Gestire la Forma della Pianta

Gestire correttamente la forma degli agrumi aiuta a mantenere la pianta più equilibrata, stabile e semplice da coltivare nel tempo. Una chioma ben organizzata migliora la distribuzione della luce, facilita la ventilazione interna e rende più pratiche operazioni come irrigazione, controllo dei rami e raccolta dei frutti. Nei manuali per principianti si tende spesso a semplificare troppo questo argomento, ma nella pratica la gestione della forma non richiede interventi complicati: servono soprattutto osservazione e gradualità.

Uno degli aspetti più importanti riguarda l'equilibrio della **chioma**. Una pianta sviluppata solo da un lato oppure con rami molto lunghi e sbilanciati tende a diventare meno stabile, soprattutto nella **coltivazione in vaso**. Questo problema si nota spesso nei balconi dove la luce proviene sempre dalla stessa direzione, spingendo l'agrume a crescere in modo irregolare.

Dal punto di vista pratico, ruotare periodicamente il vaso aiuta a distribuire meglio la crescita dei rami e a ottenere una struttura più compatta. Anche piccoli interventi di potatura sui rami troppo allungati permettono di controllare gradualmente forma e dimensioni della pianta senza creare stress eccessivo.

Un altro elemento utile riguarda la gestione dei **rami verticali** troppo vigorosi. Questi rami tendono spesso a crescere rapidamente verso l'alto sottraendo energia al resto della chioma e creando una struttura poco equilibrata. Intervenire con tagli moderati aiuta generalmente a distribuire meglio la crescita vegetativa.

Anche la parte interna della chioma merita attenzione. Se la vegetazione diventa troppo fitta, luce e aria penetrano con maggiore difficoltà nella parte centrale della pianta. Una leggera **potatura di alleggerimento** permette di migliorare ventilazione e distribuzione luminosa senza impoverire eccessivamente la vegetazione.

Nella **gestione della forma**, è importante evitare cambiamenti troppo drastici in poco tempo. Molti principianti cercano di correggere rapidamente la struttura della pianta effettuando tagli molto aggressivi, ma spesso questo provoca crescita disordinata di nuovi germogli e maggiore stress vegetativo.

Anche il peso dei frutti può influenzare la forma dell'agrume. Rami molto carichi tendono talvolta a piegarsi o deformarsi, soprattutto nelle piante giovani o coltivate in piccoli contenitori. In questi casi può essere utile utilizzare piccoli supporti temporanei per aiutare la pianta a mantenere una struttura più stabile.

Dal punto di vista operativo, osservare periodicamente la pianta da diverse angolazioni aiuta a individuare più facilmente squilibri della chioma o rami cresciuti in modo disordinato. Piccoli interventi regolari risultano generalmente più efficaci rispetto a potature drastiche effettuate raramente.

Accorgimenti utili per gestire la forma degli agrumi:

- **Chioma equilibrata:** migliora stabilità e distribuzione della luce

- **Coltivazione in vaso:** richiede maggiore controllo della struttura

- **Rami verticali:** spesso troppo vigorosi e disordinati

- **Potatura di alleggerimento:** utile per migliorare ventilazione interna

- **Rotazione del vaso:** aiuta crescita più uniforme della chioma

- **Tagli moderati:** preferibili rispetto a interventi drastici

- **Supporti temporanei:** utili per rami piegati dal peso dei frutti

Molti agrumi mantengono una forma più sana ed equilibrata semplicemente attraverso piccoli controlli regolari e interventi graduali. Gestire correttamente la struttura della pianta permette di facilitare anche tutte le altre operazioni di coltivazione nel corso delle stagioni.

6. Cura Ordinaria Durante l'Anno

La cura ordinaria degli agrumi consiste in una serie di controlli e piccoli interventi regolari che aiutano la pianta a mantenersi sana durante tutto l'anno. Molti problemi di coltivazione non nascono improvvisamente, ma si sviluppano lentamente a causa di trascuratezza, irrigazioni scorrette o mancata osservazione della pianta. Per questo motivo, dedicare attenzione costante agli agrumi permette spesso di prevenire difficoltà più serie senza dover ricorrere a interventi drastici.

Uno degli aspetti più importanti riguarda il controllo periodico della **chioma** e delle foglie. Osservare regolarmente il colore della vegetazione, la presenza di foglie secche o eventuali deformazioni aiuta a individuare rapidamente piccoli squilibri nutritivi o problemi ambientali. Anche controllare la parte interna della pianta permette di verificare se ventilazione e distribuzione della luce risultano adeguate.

Dal punto di vista pratico, è utile rimuovere gradualmente foglie secche, piccoli rami danneggiati e vegetazione ormai improduttiva. Questa semplice operazione migliora ordine e pulizia generale della pianta senza richiedere vere e proprie potature importanti. Anche eliminare periodicamente i **germogli disordinati** aiuta a mantenere una crescita più equilibrata.

La gestione dell'**irrigazione regolare** rappresenta un altro elemento fondamentale nella cura ordinaria. Durante i mesi più caldi è importante controllare frequentemente il terreno evitando sia lunghi periodi di secco sia ristagni eccessivi. Nella **coltivazione in vaso**, questi controlli diventano ancora più importanti perché il substrato tende ad asciugarsi più rapidamente rispetto alla piena terra.

Anche il controllo del terreno aiuta a mantenere la pianta in salute. Con il tempo, il substrato può diventare troppo compatto o perdere capacità drenante. In questi casi può essere utile smuovere leggermente la superficie del terreno o programmare un rinnovo parziale del substrato durante le stagioni più favorevoli.

La pulizia degli strumenti è spesso sottovalutata ma molto importante. Utilizzare **forbici pulite** e ben mantenute riduce il rischio di danneggiare i tessuti vegetali durante piccoli interventi di manutenzione. Anche verificare periodicamente lo stato dei vasi e dei fori di drenaggio aiuta a prevenire problemi legati all'umidità eccessiva.

Dal punto di vista operativo, è utile osservare la pianta dopo cambiamenti climatici improvvisi, giornate molto ventose o periodi di forte caldo. Queste situazioni possono creare piccoli stress vegetativi che diventano più facili da gestire se individuati rapidamente.

Anche la posizione della pianta può richiedere controlli stagionali. In alcune terrazze o balconi, luce e vento cambiano molto durante l'anno, modificando gradualmente il **microclima della pianta**. Adattare esposizione e gestione alle condizioni stagionali permette spesso di mantenere crescita e vegetazione più equilibrate.

Controlli utili nella cura ordinaria degli agrumi:

- **Chioma:** da controllare regolarmente per verificare equilibrio e ventilazione

- **Germogli disordinati:** utili da eliminare gradualmente

- **Irrigazione regolare:** importante per evitare stress vegetativi

- **Coltivazione in vaso:** richiede controlli più frequenti del terreno

- **Forbici pulite:** riducono danni ai tessuti vegetali

- **Microclima della pianta:** può cambiare durante le stagioni

- **Fori di drenaggio:** da controllare per evitare ristagni

Molti agrumi riescono a mantenersi sani e produttivi soprattutto grazie a una gestione ordinaria costante piuttosto che attraverso interventi eccezionali. Piccoli controlli regolari permettono infatti di correggere rapidamente problemi minori e mantenere la pianta più equilibrata durante tutto l'anno.

VIII. Protezione dalle Malattie e Parassiti: Prevenzione e Rimedi

1. I Problemi Più Comuni degli Agrumi

Gli agrumi possono essere colpiti da diversi problemi legati a parassiti, malattie fungine o condizioni ambientali sfavorevoli. Nella maggior parte dei casi, le difficoltà più comuni non compaiono improvvisamente ma si sviluppano gradualmente attraverso piccoli segnali spesso sottovalutati. Imparare a osservare regolarmente foglie, rami e terreno permette quindi di intervenire più rapidamente e limitare possibili danni alla pianta.

Uno dei problemi più frequenti riguarda la comparsa di **foglie ingiallite** o deformate. Questi sintomi possono derivare da squilibri nutritivi, irrigazioni scorrette oppure dalla presenza di piccoli parassiti che indeboliscono gradualmente la vegetazione. Per questo motivo è importante evitare diagnosi troppo affrettate e osservare attentamente l'insieme delle condizioni della pianta.

Tra i parassiti più comuni negli agrumi troviamo spesso **afidi**, **cocciniglia** e piccoli insetti che si concentrano soprattutto su germogli giovani e foglie tenere. In molti casi la presenza di vegetazione appiccicosa o lucida può indicare produzione di **melata**, sostanza che favorisce anche lo sviluppo di problemi fungini superficiali.

Anche i **ristagni idrici** rappresentano una causa molto frequente di difficoltà nella coltivazione. Un terreno costantemente troppo bagnato può creare sofferenza radicale e favorire comparsa di marciumi o indebolimento generale della pianta. Nella **coltivazione in vaso**, il controllo del drenaggio diventa quindi particolarmente importante.

Dal punto di vista pratico, osservare la parte inferiore delle foglie aiuta spesso a individuare rapidamente piccoli parassiti prima che il problema si estenda. Anche controllare periodicamente i **nuovi germogli** permette di verificare se la crescita stia procedendo in modo regolare oppure se siano presenti deformazioni o rallentamenti anomali.

Un altro problema abbastanza comune riguarda la comparsa di **muffe superficiali** o patine scure sulle foglie. In molti casi queste situazioni sono favorite da elevata umidità, ventilazione insufficiente oppure presenza prolungata di melata prodotta da insetti infestanti.

Anche lo **stress ambientale** può indebolire gli agrumi e renderli più vulnerabili. Forti sbalzi termici, irrigazioni irregolari o esposizioni poco adatte tendono infatti a ridurre la capacità della pianta di reagire in modo efficace ai problemi esterni.

Dal punto di vista operativo, è importante evitare trattamenti casuali o troppo aggressivi ai primi sintomi. Molti principianti utilizzano immediatamente grandi quantità di prodotti senza capire l'origine reale del problema. Una gestione più graduale e ragionata permette invece di osservare meglio l'evoluzione della situazione e intervenire con maggiore precisione.

Problemi comuni nella coltivazione degli agrumi:

- **Afidi:** presenti soprattutto sui germogli giovani
- **Cocciniglia:** può indebolire foglie e vegetazione
- **Melata:** sostanza appiccicosa prodotta da alcuni insetti
- **Ristagni idrici:** favoriscono sofferenza radicale e marciumi
- **Coltivazione in vaso:** richiede maggiore controllo del drenaggio
- **Muffe superficiali:** favorite da umidità e ventilazione insufficiente
- **Stress ambientale:** può rendere la pianta più vulnerabile

Molti problemi degli agrumi possono essere limitati semplicemente attraverso osservazione costante e interventi tempestivi. Controllare regolarmente vegetazione, terreno e condizioni ambientali permette spesso di prevenire situazioni più difficili da gestire nel tempo.

2. Afidi, Cocciniglia e Altri Parassiti

Tra i problemi più frequenti nella coltivazione degli agrumi troviamo la presenza di piccoli parassiti che si sviluppano soprattutto su foglie giovani, germogli teneri e rami in crescita. Questi insetti possono indebolire gradualmente la pianta sottraendo linfa e compromettendo la crescita della vegetazione. Nella maggior parte dei casi, riconoscere rapidamente i primi segnali permette di limitare la diffusione del problema con interventi relativamente semplici.

Gli **afidi** sono tra i parassiti più comuni negli agrumi. Si concentrano spesso sui **nuovi germogli**, formando piccoli gruppi di insetti verdi, neri o giallastri. La loro presenza può provocare deformazioni delle foglie, rallentamento della crescita e produzione di **melata**, sostanza appiccicosa che favorisce anche la comparsa di muffe superficiali.

Anche la **cocciniglia** rappresenta un problema molto diffuso, soprattutto nelle coltivazioni in vaso o negli ambienti poco ventilati. Questo parassita tende a fissarsi su rami e foglie formando piccole placche o accumuli biancastri. Se trascurata, la cocciniglia può indebolire progressivamente la pianta e rendere più difficile lo sviluppo regolare della vegetazione.

Dal punto di vista pratico, controllare regolarmente la parte inferiore delle foglie aiuta spesso a individuare i parassiti nelle fasi iniziali. Anche osservare presenza di foglie arricciate, vegetazione appiccicosa o crescita rallentata permette di riconoscere rapidamente possibili infestazioni.

Un altro problema abbastanza comune riguarda la comparsa di **piccoli insetti** in ambienti molto caldi e asciutti. Condizioni di forte **stress ambientale** o **ventilazione insufficiente** possono infatti favorire lo sviluppo di infestazioni più rapide, soprattutto durante i mesi estivi.

Nella **coltivazione in vaso**, la gestione dei parassiti richiede attenzione costante perché le piante coltivate su balconi o terrazzi tendono spesso a sviluppare vegetazione tenera più vulnerabile agli attacchi degli insetti. Anche una concimazione eccessivamente ricca di azoto può favorire crescita molto morbida e più facilmente attaccabile dai parassiti.

Dal punto di vista operativo, è importante evitare interventi troppo aggressivi ai primi segnali. In molti casi, eliminare manualmente le parti più colpite o lavare delicatamente la vegetazione può aiutare a contenere infestazioni iniziali senza ricorrere immediatamente a trattamenti intensivi.

Anche mantenere la pianta ben ventilata aiuta a ridurre il rischio di infestazioni persistenti. Una **chioma troppo fitta** tende infatti a creare condizioni più favorevoli allo sviluppo dei parassiti e rende più difficile controllare correttamente foglie e rami interni.

Parassiti comuni degli agrumi:

- **Afidi:** presenti soprattutto sui germogli giovani
- **Nuovi germogli:** zone frequentemente colpite dai parassiti
- **Melata:** sostanza appiccicosa prodotta dagli insetti
- **Cocciniglia:** forma accumuli su foglie e rami
- **Piccoli insetti:** più frequenti in ambienti caldi e asciutti
- **Chioma troppo fitta:** favorisce sviluppo dei parassiti
- **Ventilazione insufficiente:** aumenta rischio di infestazioni

Molti problemi legati ai parassiti possono essere gestiti efficacemente attraverso controlli regolari e interventi tempestivi. Osservare frequentemente foglie, germogli e condizioni della chioma permette spesso di limitare le infestazioni prima che diventino più difficili da controllare.

3. Prevenire Muffe e Marciumi

Muffe e marciumi rappresentano tra i problemi più comuni nella coltivazione degli agrumi, soprattutto quando umidità, ventilazione e irrigazione non vengono gestite correttamente. Nella maggior parte dei casi, queste problematiche si sviluppano lentamente e possono essere limitate attraverso una buona prevenzione piuttosto che con interventi aggressivi successivi. Imparare a mantenere condizioni equilibrate aiuta infatti a ridurre il rischio di danni a foglie, radici e frutti.

Uno degli aspetti più importanti riguarda il controllo dei **ristagni idrici**. Un terreno costantemente troppo bagnato crea condizioni favorevoli allo sviluppo di marciumi radicali e indebolisce progressivamente la pianta. Nella **coltivazione in vaso**, verificare il corretto drenaggio del contenitore diventa quindi fondamentale per evitare accumuli eccessivi di umidità.

Dal punto di vista pratico, è utile controllare regolarmente lo stato del terreno prima di irrigare nuovamente. Molti principianti annaffiano seguendo abitudini troppo rigide senza verificare realmente il livello di umidità del substrato. Lasciare asciugare leggermente la parte superficiale del terreno aiuta spesso a mantenere condizioni più equilibrate.

Anche la ventilazione della chioma svolge un ruolo molto importante nella prevenzione delle **muffe superficiali**. Una vegetazione troppo fitta tende infatti a trattenere maggiore umidità, soprattutto dopo pioggia, irrigazioni abbondanti o giornate particolarmente umide. Piccoli interventi di pulizia e una **potatura di alleggerimento** moderata aiutano a migliorare il passaggio dell'aria tra i rami.

Un altro aspetto importante riguarda la pulizia generale della pianta e del terreno. Foglie cadute, frutti marci o residui vegetali lasciati troppo a lungo nel vaso possono favorire condizioni poco igieniche e aumentare il rischio di sviluppo fungino. Rimuovere periodicamente il materiale deteriorato aiuta a mantenere l'ambiente più sano.

Anche la posizione della pianta può influenzare molto la comparsa di muffe. Zone poco ventilate, angoli molto umidi o terrazzi chiusi tendono a favorire accumuli di umidità persistente. In questi casi può essere utile migliorare l'esposizione all'aria oppure evitare di mantenere la chioma eccessivamente compatta.

Dal punto di vista operativo, è importante osservare attentamente eventuali cambiamenti sulle foglie o sui frutti. Macchie scure, zone molli o comparsa di patine anomale possono rappresentare i primi segnali di problemi fungini in fase iniziale.

Anche evitare eccessi di **concimazione azotata** aiuta nella prevenzione. Una vegetazione troppo tenera e molto fitta tende infatti a trattenere più umidità e può diventare maggiormente vulnerabile a muffe e marciumi.

Accorgimenti utili per prevenire muffe e marciumi:

- **Ristagni idrici:** tra le cause principali dei marciumi radicali

- **Coltivazione in vaso:** richiede controllo costante del drenaggio

- **Muffe superficiali:** favorite da umidità e ventilazione scarsa

- **Potatura di alleggerimento:** utile per migliorare il passaggio dell'aria

- **Residui vegetali:** da eliminare regolarmente dal terreno

- **Concimazione azotata:** da evitare in eccesso

- **Chioma troppo fitta:** trattiene maggiore umidità interna

Molti problemi fungini possono essere evitati semplicemente mantenendo la pianta in condizioni più equilibrate e controllando regolarmente umidità, ventilazione e stato generale della vegetazione. Una buona prevenzione permette spesso di limitare interventi più invasivi nel tempo.

4. Rimedi Naturali e Trattamenti Utili

Nella coltivazione degli agrumi, molti problemi legati a parassiti o muffe possono essere gestiti attraverso interventi semplici e trattamenti moderati. Prima di utilizzare prodotti aggressivi, è spesso utile osservare attentamente la situazione e valutare se il problema sia ancora nelle fasi iniziali. In molti casi, agire rapidamente con piccoli rimedi pratici permette di limitare la diffusione dei parassiti senza compromettere l'equilibrio generale della pianta.

Uno degli interventi più semplici consiste nel lavaggio della vegetazione. In presenza di **afidi** o piccoli insetti concentrati sui germogli, un getto d'acqua moderato può aiutare a ridurre rapidamente parte dell'infestazione. Questo tipo di intervento è particolarmente utile nelle fasi iniziali, quando il numero dei parassiti è ancora limitato.

Anche la rimozione manuale delle parti più colpite rappresenta spesso una soluzione efficace. Eliminare foglie molto danneggiate, rami infestati o accumuli evidenti di **cocciniglia** permette di contenere più facilmente il problema e migliorare la pulizia generale della pianta.

Dal punto di vista pratico, mantenere una buona ventilazione della chioma aiuta a ridurre umidità e sviluppo di problemi fungini. Una **potatura di alleggerimento** moderata favorisce infatti il passaggio dell'aria tra i rami e limita le condizioni favorevoli alla comparsa di muffe superficiali.

Anche il controllo dell'**irrigazione regolare** è molto importante durante i trattamenti. Terreni costantemente troppo bagnati possono peggiorare rapidamente situazioni già presenti, soprattutto nei casi di marciumi o stress radicale. Nella **coltivazione in vaso**, verificare drenaggio e umidità del substrato diventa quindi fondamentale.

Un altro aspetto utile riguarda la pulizia periodica della pianta e dell'area circostante. Residui vegetali, foglie marce o frutti deteriorati lasciati troppo a lungo nel vaso possono favorire sviluppo di problemi fungini e presenza di insetti indesiderati.

Dal punto di vista operativo, è importante evitare trattamenti eccessivamente frequenti o prodotti utilizzati senza reale necessità. Molti principianti tendono a intervenire immediatamente con grandi quantità di sostanze diverse, rischiando però di creare ulteriore stress alla pianta.

Anche osservare la risposta dell'agrume dopo ogni intervento aiuta a capire se il problema stia migliorando oppure se siano necessarie ulteriori correzioni nella gestione della coltivazione. Piccoli miglioramenti nella ventilazione, nell'esposizione o nelle irrigazioni risultano spesso più utili di trattamenti ripetuti senza criterio.

Rimedi utili per limitare problemi e infestazioni:

- **Afidi:** spesso riducibili con lavaggi moderati della vegetazione

- **Cocciniglia:** da rimuovere rapidamente nelle fasi iniziali

- **Potatura di alleggerimento:** migliora ventilazione della chioma

- **Irrigazione regolare:** utile per evitare stress e ristagni

- **Coltivazione in vaso:** richiede maggiore controllo del drenaggio

- **Residui vegetali:** da eliminare per mantenere ambiente più pulito

- **Trattamenti eccessivi:** possono aumentare stress della pianta

Molti problemi degli agrumi possono essere gestiti efficacemente attraverso interventi semplici e controlli regolari. Una gestione equilibrata e graduale permette spesso di mantenere la pianta più sana senza ricorrere immediatamente a soluzioni troppo aggressive.

5. Monitorare la Salute delle Piante

Monitorare regolarmente lo stato degli agrumi permette di individuare piccoli problemi prima che si trasformino in situazioni più difficili da gestire. Molti segnali di sofferenza compaiono gradualmente attraverso cambiamenti nelle foglie, nella crescita o nell'aspetto generale della pianta. Per questo motivo, osservare frequentemente gli agrumi rappresenta una delle pratiche più utili per mantenere coltivazioni sane e produttive nel tempo.

Uno degli aspetti più importanti riguarda il controllo delle **foglie ingiallite**, deformate o macchiate. Alterazioni improvvise del colore possono indicare squilibri nutritivi, irrigazioni scorrette oppure presenza di parassiti. Anche foglie che si arricciano o cadono prematuramente meritano attenzione, soprattutto se il fenomeno si presenta in modo diffuso.

Dal punto di vista pratico, è utile osservare regolarmente la parte inferiore delle foglie e i **nuovi germogli**, zone dove spesso compaiono i primi segnali di infestazioni da insetti. Piccoli accumuli appiccicosi, presenza di puntini chiari o vegetazione deformata possono indicare problemi ancora nelle fasi iniziali.

Anche il controllo della **chioma** aiuta a valutare la salute generale della pianta. Una vegetazione troppo fitta, disordinata o scarsamente ventilata tende infatti a creare condizioni favorevoli allo sviluppo di muffe e parassiti. Verificare periodicamente il passaggio della luce e dell'aria tra i rami permette di mantenere condizioni più equilibrate.

Nella **coltivazione in vaso**, monitorare il terreno è altrettanto importante. Substrati troppo secchi, molto compatti oppure costantemente umidi possono creare stress radicale e rallentamenti nella crescita. Controllare regolarmente umidità e **drenaggio** aiuta a prevenire molti problemi legati alla gestione dell'acqua.

Anche i frutti possono offrire indicazioni utili sullo stato della pianta. Cadute premature, macchie anomale o **frutti deformati** possono segnalare squilibri ambientali, problemi nutritivi o situazioni di **stress vegetativo**. Osservare l'evoluzione dei frutti durante le diverse stagioni permette spesso di intervenire più rapidamente.

Dal punto di vista operativo, è utile dedicare pochi minuti ogni settimana all'osservazione completa della pianta. Controllare foglie, rami, terreno e stato generale dell'agrume permette di sviluppare maggiore esperienza e riconoscere più facilmente eventuali anomalie.

Anche evitare cambiamenti improvvisi nella gestione aiuta a monitorare meglio la salute degli agrumi. Modificare contemporaneamente irrigazione, concimazione ed esposizione rende infatti più difficile capire l'origine di eventuali problemi.

Controlli utili per monitorare la salute degli agrumi:

- **Foglie ingiallite:** possibili segnali di squilibri o stress
- **Nuovi germogli:** da osservare per individuare parassiti iniziali
- **Chioma:** deve mantenere buona ventilazione interna
- **Coltivazione in vaso:** richiede controllo frequente del terreno
- **Drenaggio:** importante per evitare sofferenza radicale
- **Frutti deformati:** possibili segnali di problemi ambientali
- **Stress vegetativo:** più facile da riconoscere con osservazioni regolari

Molti problemi degli agrumi diventano più semplici da gestire quando vengono individuati nelle fasi iniziali. Osservare con regolarità foglie, rami e terreno permette spesso di intervenire rapidamente e mantenere la pianta più sana durante tutto l'anno.

6. Intervenire Rapidamente nei Casi Critici

Quando un agrume mostra segnali evidenti di sofferenza, intervenire rapidamente può fare una grande differenza nel recupero della pianta. Molti problemi tendono infatti a peggiorare velocemente se trascurati per troppo tempo, soprattutto in presenza di parassiti molto diffusi, marciumi radicali o forti stress ambientali. Per questo motivo, riconoscere i casi più critici e agire con calma ma tempestività aiuta spesso a limitare danni più seri.

Uno dei segnali più importanti riguarda la comparsa improvvisa di numerose **foglie secche**, cadute anomale oppure rapido peggioramento della vegetazione. Quando la pianta perde vigore in pochi giorni, è utile controllare immediatamente terreno, drenaggio e presenza di eventuali infestazioni sui rami e sotto le foglie.

Dal punto di vista pratico, in presenza di forti infestazioni da **afidi** o **cocciniglia**, conviene isolare temporaneamente la pianta dalle altre coltivazioni presenti sul balcone o in giardino. Questo semplice accorgimento aiuta a limitare la diffusione dei parassiti verso altri agrumi o piante vicine.

Anche i problemi legati ai **ristagni idrici** richiedono interventi rapidi. Terreni costantemente bagnati, cattivo odore del substrato o vegetazione improvvisamente afflosciata possono indicare sofferenza radicale. In questi casi è spesso utile sospendere temporaneamente le irrigazioni e verificare immediatamente lo stato del drenaggio.

Un altro aspetto importante riguarda la rimozione delle parti molto compromesse. Foglie completamente deteriorate, frutti marci o rami gravemente infestati dovrebbero essere eliminati rapidamente per evitare peggioramenti della situazione e ridurre il rischio di diffusione del problema.

Nella **coltivazione in vaso**, le situazioni critiche possono evolversi più velocemente rispetto alla piena terra perché il volume di terreno disponibile è ridotto. Per questo motivo, controllare frequentemente umidità, stato della chioma e condizioni del substrato diventa ancora più importante durante periodi di forte caldo o elevata umidità.

Dal punto di vista operativo, è importante evitare interventi confusi o troppo aggressivi. Molti principianti, presi dalla preoccupazione, iniziano contemporaneamente a cambiare irrigazione, concimazione ed esposizione della pianta. Procedere invece con controlli ordinati e modifiche graduali permette di capire meglio l'origine del problema.

Anche osservare la risposta dell'agrume nei giorni successivi aiuta a valutare l'efficacia degli interventi effettuati. Miglioramenti nella consistenza delle foglie, nella crescita dei **nuovi germogli** o nella stabilità generale della vegetazione rappresentano spesso segnali positivi di recupero.

Interventi utili nei casi critici degli agrumi:

- **Foglie secche:** possibili segnali di forte sofferenza vegetativa

- **Afidi:** da contenere rapidamente nelle infestazioni diffuse

- **Cocciniglia:** può indebolire rapidamente la vegetazione

- **Ristagni idrici:** da correggere immediatamente

- **Coltivazione in vaso:** problemi spesso più rapidi da aggravarsi

- **Nuovi germogli:** utili per valutare la ripresa della pianta

- **Frutti marci:** da eliminare per limitare peggioramenti

Molti agrumi riescono a recuperare anche dopo situazioni difficili se i problemi vengono individuati e gestiti rapidamente. Osservazione costante e interventi mirati permettono spesso di stabilizzare la pianta prima che il danno diventi più serio.

IX. Coltivazione degli Agrumi in Casa e in Serre

1. Coltivare Agrumi in Appartamento

Coltivare agrumi in appartamento permette di mantenere la pianta protetta durante i periodi più freddi e di gestire più facilmente alcune condizioni ambientali. Tuttavia, gli ambienti interni presentano anche diverse difficoltà legate soprattutto a luce, ventilazione e umidità. Per ottenere buoni risultati è quindi importante adattare la coltivazione alle caratteristiche della casa e osservare attentamente il comportamento della pianta durante le diverse stagioni.

Uno degli aspetti più importanti riguarda l'esposizione alla luce. Gli agrumi necessitano generalmente di molta luminosità per mantenere crescita equilibrata e vegetazione sana. In appartamento è quindi preferibile collocare la pianta vicino a finestre molto luminose o in ambienti ben esposti durante il giorno. Una **scarsa illuminazione** può provocare crescita debole, internodi allungati e perdita progressiva delle foglie.

Dal punto di vista pratico, è utile evitare posizioni troppo vicine a fonti di calore come termosifoni, stufe o correnti d'aria calda. Temperature eccessivamente secche possono creare rapidamente **stress ambientale** e peggiorare la salute generale della pianta, soprattutto durante l'inverno.

Anche la **ventilazione interna** rappresenta un elemento importante nella coltivazione domestica degli agrumi. Ambienti completamente chiusi o poco arieggiati tendono infatti a favorire comparsa di muffe, parassiti e accumuli di umidità stagnante. Arieggiare periodicamente la stanza aiuta generalmente a mantenere condizioni più equilibrate.

Nella **coltivazione in vaso,** il controllo dell'irrigazione richiede particolare attenzione. In appartamento il terreno tende spesso ad asciugarsi più lentamente rispetto all'esterno, soprattutto durante i mesi freddi. Irrigare troppo frequentemente può quindi favorire ristagni e sofferenza radicale.

Anche la pulizia della pianta assume maggiore importanza negli ambienti interni. Polvere accumulata sulle foglie può ridurre la capacità della pianta di ricevere luce in modo efficace. Pulire delicatamente la vegetazione aiuta invece a mantenere le foglie più sane e a migliorare l'aspetto generale dell'agrume.

Dal punto di vista operativo, è utile osservare periodicamente la presenza di piccoli insetti sulle foglie e sui germogli. In ambienti chiusi alcuni parassiti possono infatti diffondersi rapidamente senza essere notati nelle fasi iniziali.

Anche ruotare periodicamente il vaso rappresenta un accorgimento molto utile. La luce proveniente sempre dalla stessa direzione tende infatti a creare una crescita sbilanciata della **chioma**, soprattutto negli appartamenti con esposizione limitata.

Accorgimenti utili per coltivare agrumi in appartamento:

- **Scarsa illuminazione:** può indebolire crescita e vegetazione

- **Stress ambientale:** favorito da aria troppo secca e calda

- **Ventilazione interna:** importante per limitare muffe e parassiti

- **Coltivazione in vaso:** richiede controllo accurato dell'irrigazione

- **Ristagni idrici:** più frequenti negli ambienti interni

- **Chioma sbilanciata:** causata da luce proveniente da un solo lato

- **Pulizia delle foglie:** utile per migliorare assorbimento della luce

Molti agrumi riescono ad adattarsi bene agli ambienti domestici se vengono mantenute condizioni sufficientemente luminose e stabili. Piccoli controlli regolari su luce, irrigazione e ventilazione permettono spesso di ottenere piante sane anche all'interno dell'abitazione.

2. Gestire Temperatura e Umidità

Temperatura e umidità influenzano direttamente salute, crescita e resistenza degli agrumi coltivati in casa o in serra. Anche quando la pianta riceve luce sufficiente e irrigazioni corrette, condizioni ambientali poco equilibrate possono causare rallentamenti vegetativi, caduta delle foglie o comparsa di problemi fungini. Per questo motivo, mantenere un ambiente stabile rappresenta uno degli aspetti più importanti nella coltivazione degli agrumi in spazi chiusi.

Uno dei problemi più comuni negli appartamenti riguarda l'aria troppo secca durante il periodo invernale. La presenza continua di termosifoni, stufe o altre fonti di calore tende infatti a ridurre l'umidità dell'ambiente, creando **stress ambientale** soprattutto nelle piante più giovani o sensibili. Foglie secche ai bordi, perdita di lucentezza o caduta precoce della vegetazione possono indicare condizioni poco favorevoli.

Dal punto di vista pratico, è utile evitare di collocare gli agrumi troppo vicino a caloriferi o correnti d'aria calda. Anche sbalzi improvvisi di temperatura tra giorno e notte possono creare difficoltà alla pianta, specialmente durante i mesi freddi.

Nella **coltivazione in serra**, il problema opposto riguarda spesso l'eccesso di umidità. Ambienti molto chiusi e poco ventilati tendono infatti a trattenere condensa e aria stagnante, favorendo sviluppo di muffe e problemi fungini. Per questo motivo, garantire una buona **ventilazione interna** diventa fondamentale.

Anche il controllo dell'**umidità ambientale** aiuta a mantenere condizioni più equilibrate. In alcuni appartamenti molto secchi può essere utile aumentare leggermente l'umidità attraverso piccoli accorgimenti, evitando però accumuli eccessivi che potrebbero favorire muffe o ristagni.

Dal punto di vista operativo, osservare regolarmente le foglie permette spesso di individuare rapidamente segnali di sofferenza legati al clima interno. Vegetazione afflosciata, foglie arricciate o perdita improvvisa di vigore possono indicare condizioni ambientali poco stabili.

Anche la posizione della pianta all'interno della casa influisce molto sulla gestione della temperatura. Zone vicine a porte frequentemente aperte, finestre molto fredde o correnti d'aria possono sottoporre l'agrume a continui cambiamenti climatici poco favorevoli.

Nella **coltivazione in vaso**, è importante ricordare che il terreno tende a risentire più rapidamente delle variazioni ambientali. Temperature molto elevate o aria troppo secca possono infatti accelerare l'asciugatura del substrato e aumentare il rischio di squilibri idrici.

Accorgimenti utili per gestire temperatura e umidità:

- **Stress ambientale:** favorito da aria troppo secca o sbalzi termici

- **Ventilazione interna:** importante per limitare muffe e condensa

- **Umidità ambientale:** da mantenere equilibrata senza eccessi

- **Coltivazione in serra:** richiede controllo frequente della ventilazione

- **Coltivazione in vaso:** più sensibile alle variazioni climatiche

- **Correnti d'aria:** possono creare sbalzi termici dannosi

- **Foglie arricciate:** possibili segnali di condizioni ambientali scorrette

Molti problemi degli agrumi coltivati in ambienti chiusi derivano da condizioni climatiche poco stabili più che da errori di concimazione o irrigazione. Controllare regolarmente temperatura, ventilazione e umidità permette spesso di mantenere la pianta più sana durante tutto l'anno.

3. Illuminazione per Ambienti Interni

L'illuminazione rappresenta uno degli aspetti più delicati nella coltivazione degli agrumi in ambienti interni. A differenza delle piante coltivate all'esterno, gli agrumi in appartamento ricevono spesso meno ore di luce diretta e devono adattarsi a condizioni luminose molto più limitate. Per questo motivo, scegliere correttamente la posizione della pianta aiuta a mantenere crescita equilibrata, vegetazione sana e sviluppo più regolare durante tutto l'anno.

Uno dei problemi più comuni negli ambienti interni riguarda la **scarsa illuminazione**. Quando la pianta riceve poca luce, tende spesso a sviluppare **rami sottili** e allungati, con crescita debole e foglie meno compatte. Anche la colorazione della vegetazione può diventare meno intensa, mentre alcuni agrumi iniziano progressivamente a perdere foglie nelle zone più ombreggiate.

Dal punto di vista pratico, è generalmente preferibile collocare gli agrumi vicino a finestre molto luminose, evitando però esposizioni improvvisamente troppo forti dopo lunghi periodi in ambienti poco illuminati. Cambiamenti bruschi possono infatti causare **stress luminoso** alla vegetazione, soprattutto nelle piante più giovani.

Anche la direzione della luce influenza molto la crescita della **chioma**. Quando l'illuminazione proviene sempre dallo stesso lato, la pianta tende gradualmente a svilupparsi in modo sbilanciato. Ruotare periodicamente il vaso permette spesso di mantenere una crescita più uniforme e una struttura più equilibrata.

Nella **coltivazione in appartamento**, è importante osservare regolarmente il comportamento della vegetazione. Foglie pallide, crescita rallentata o **internodi lunghi** possono indicare condizioni luminose insufficienti. In questi casi può essere utile spostare gradualmente la pianta verso zone più luminose della casa.

Anche la pulizia delle foglie influisce sulla capacità della pianta di sfruttare meglio la luce disponibile. Polvere e residui accumulati sulla vegetazione possono infatti ridurre l'efficacia dell'illuminazione, soprattutto durante i mesi invernali quando le ore di luce risultano già limitate.

Dal punto di vista operativo, è utile evitare di collocare gli agrumi troppo lontano dalle finestre anche se l'ambiente appare luminoso. Molte stanze ben illuminate per le persone risultano comunque insufficienti per una buona crescita degli agrumi nel lungo periodo.

Anche il periodo stagionale modifica molto la gestione della luce. Durante l'inverno, giornate più corte e minore intensità luminosa possono rallentare la crescita della pianta e aumentare sensibilità a **stress ambientale** e caduta fogliare.

Accorgimenti utili per l'illuminazione degli agrumi in casa:

- **Scarsa illuminazione:** può causare crescita debole e perdita di foglie

- **Rami sottili:** frequenti in condizioni luminose insufficienti

- **Chioma sbilanciata:** favorita da luce proveniente da un solo lato

- **Internodi lunghi:** possibili segnali di poca luce

- **Coltivazione in appartamento:** richiede controllo costante della luminosità

- **Stress luminoso:** causato da cambiamenti troppo bruschi

- **Rotazione del vaso:** aiuta crescita più uniforme della pianta

Molti agrumi coltivati in casa riescono a mantenersi sani soprattutto quando ricevono luce sufficiente e stabile durante l'anno. Piccoli controlli sulla posizione della pianta e sulla qualità dell'illuminazione permettono spesso di migliorare notevolmente crescita e aspetto della vegetazione.

4. Utilizzare Piccole Serre Domestiche

Le piccole serre domestiche rappresentano una soluzione pratica per proteggere gli agrumi durante i mesi più freddi o in zone caratterizzate da clima instabile. Queste strutture aiutano a mantenere temperature più controllate e a ridurre l'esposizione diretta a vento, pioggia intensa e sbalzi climatici improvvisi. Tuttavia, per ottenere buoni risultati, è importante gestire correttamente ventilazione, umidità e posizione della serra.

Uno degli aspetti più importanti riguarda il controllo della **temperatura interna**. Nelle giornate soleggiate, anche una piccola serra può accumulare rapidamente molto calore, soprattutto se completamente chiusa. Temperature eccessivamente elevate possono creare **stress termico** alla pianta e favorire disidratazione della vegetazione.

Dal punto di vista pratico, è utile aprire periodicamente la serra durante le ore più miti della giornata per favorire il ricambio dell'aria. Una buona **ventilazione interna** aiuta infatti a limitare accumuli di umidità e riduce il rischio di muffe o condensa persistente sulle foglie.

Anche la posizione della serra influenza molto la salute degli agrumi. Collocare la struttura in una zona luminosa ma protetta da vento molto forte permette generalmente di mantenere condizioni più stabili. In ambienti troppo ombreggiati, invece, la vegetazione può svilupparsi in modo più debole e meno equilibrato.

Nella **coltivazione in vaso**, è importante controllare frequentemente il terreno perché all'interno della serra il substrato può asciugarsi più rapidamente durante le giornate molto calde. Allo stesso tempo, irrigazioni eccessive in ambienti poco ventilati possono favorire comparsa di **ristagni idrici** e problemi radicali.

Anche la gestione dello spazio interno merita attenzione. Disporre le piante troppo vicine tra loro limita il passaggio dell'aria e aumenta l'umidità attorno alla vegetazione. Lasciare sufficiente distanza tra i vasi aiuta invece a migliorare ventilazione e controllo generale delle piante.

Dal punto di vista operativo, è utile controllare regolarmente presenza di muffe, condensa o piccoli parassiti sulle foglie. Gli ambienti chiusi tendono infatti a favorire la diffusione più rapida di alcuni problemi, soprattutto se la ventilazione non è adeguata.

Anche la pulizia della serra contribuisce a mantenere condizioni più sane. Residui vegetali, foglie cadute o acqua stagnante all'interno della struttura possono aumentare umidità e favorire sviluppo di problemi fungini nel tempo.

Accorgimenti utili per utilizzare piccole serre domestiche:

- **Temperatura interna:** da controllare durante le giornate soleggiate

- **Stress termico:** possibile in serre troppo chiuse

- **Ventilazione interna:** importante per ridurre umidità e condensa

- **Coltivazione in vaso:** richiede controlli frequenti del terreno

- **Ristagni idrici:** favoriti da irrigazioni eccessive in ambienti chiusi

- **Distanza tra i vasi:** utile per migliorare passaggio dell'aria

- **Condensa sulle foglie:** possibile segnale di ventilazione insufficiente

Molti agrumi coltivati in piccole serre domestiche riescono a superare meglio i periodi freddi se vengono mantenute condizioni ambientali equilibrate. Controllare regolarmente temperatura, ventilazione e umidità permette spesso di prevenire problemi comuni e mantenere le piante più sane nel tempo.

5. Spostare le Piante nelle Diverse Stagioni

Gli agrumi coltivati in vaso richiedono spesso spostamenti stagionali per adattarsi meglio alle variazioni climatiche durante l'anno. In molte zone, infatti, le temperature invernali possono risultare troppo rigide per lasciare le piante all'esterno, mentre durante primavera ed estate gli agrumi beneficiano generalmente di maggiore luce e ventilazione naturale. Per questo motivo, imparare a gestire correttamente gli spostamenti aiuta a ridurre stress e problemi di adattamento.

Uno degli errori più comuni consiste nello spostare improvvisamente la pianta da ambienti interni protetti a esposizioni esterne molto soleggiate. Dopo lunghi periodi in appartamento o in serra, la vegetazione può risultare più sensibile alla luce intensa e alle variazioni climatiche. In questi casi è preferibile effettuare un **adattamento graduale** per evitare bruciature fogliari o forte **stress ambientale**.

Dal punto di vista pratico, durante la primavera può essere utile collocare inizialmente gli agrumi in zone esterne parzialmente ombreggiate, aumentando gradualmente l'esposizione al sole nell'arco di alcuni giorni. Questo aiuta la pianta ad abituarsi progressivamente alle nuove condizioni di luce e temperatura.

Anche il passaggio dall'esterno agli ambienti interni richiede attenzione. Quando le temperature iniziano a diminuire in modo stabile, è generalmente consigliabile spostare gli agrumi prima dell'arrivo del freddo intenso. Attendere troppo può esporre la pianta a sbalzi termici dannosi o rallentamenti vegetativi.

Nella **coltivazione in vaso**, gli spostamenti frequenti possono inoltre modificare rapidamente condizioni di umidità e asciugatura del terreno. Ambienti interni più caldi o zone esterne molto ventilate influenzano infatti il ritmo con cui il substrato perde acqua. Per questo motivo è importante controllare sempre il terreno dopo ogni cambio di posizione.

Anche la **chioma** può reagire agli spostamenti stagionali. Caduta di alcune foglie, rallentamento temporaneo della crescita o leggera perdita di vigore possono rappresentare normali segnali di adattamento, soprattutto dopo cambiamenti climatici importanti.

Dal punto di vista operativo, è utile evitare di spostare frequentemente la pianta senza reale necessità. Continui cambiamenti di ambiente possono creare condizioni instabili e aumentare la difficoltà di adattamento dell'agrume durante le diverse stagioni.

Anche il vento rappresenta un fattore da considerare durante gli spostamenti all'esterno. Balconi molto esposti o correnti forti possono disidratare rapidamente la vegetazione e aumentare il rischio di danneggiamenti ai **nuovi germogli** più delicati.

Accorgimenti utili per spostare gli agrumi nelle diverse stagioni:

- **Adattamento graduale:** importante dopo lunghi periodi in ambienti interni

- **Stress ambientale:** possibile con cambiamenti troppo bruschi

- **Coltivazione in vaso:** richiede controllo frequente del terreno

- **Chioma:** può perdere alcune foglie durante l'adattamento

- **Nuovi germogli:** più sensibili a vento e sbalzi climatici

- **Esposizione progressiva:** utile per evitare bruciature fogliari

- **Spostamenti continui:** da limitare per ridurre stress della pianta

Molti agrumi riescono ad adattarsi bene ai cambi stagionali se gli spostamenti vengono gestiti con gradualità e attenzione. Controllare luce, temperatura e stato della vegetazione permette spesso di accompagnare la pianta verso condizioni più favorevoli durante tutto l'anno.

6. Evitare Stress e Blocchi di Crescita

Gli agrumi coltivati in casa o in serra possono attraversare periodi di rallentamento o blocco della crescita quando le condizioni ambientali diventano poco equilibrate. Nella maggior parte dei casi, questi problemi non dipendono da una singola causa ma dalla combinazione di luce insufficiente, sbalzi termici, irrigazioni scorrette o continui cambiamenti di ambiente. Per questo motivo, mantenere condizioni stabili aiuta spesso la pianta a svilupparsi in modo più regolare durante tutto l'anno.

Uno dei segnali più comuni di sofferenza riguarda il rallentamento della crescita dei **nuovi germogli**. Quando la pianta smette improvvisamente di produrre nuova vegetazione oppure presenta foglie molto piccole e deboli, è utile controllare subito esposizione luminosa, temperatura e stato del terreno.

Dal punto di vista pratico, evitare cambiamenti troppo bruschi rappresenta uno degli aspetti più importanti. Spostare frequentemente l'agrume tra ambienti interni ed esterni oppure modificare improvvisamente esposizione e irrigazione può creare forte **stress ambientale** e rallentare la ripresa vegetativa.

Anche la gestione della **temperatura interna** richiede attenzione. Ambienti troppo caldi durante l'inverno oppure eccessivamente freddi nelle ore notturne possono interferire con il normale sviluppo della pianta. Gli agrumi tendono infatti a reagire meglio a condizioni climatiche relativamente stabili.

Nella **coltivazione in vaso**, il terreno può influenzare molto la continuità della crescita. Substrati troppo compatti, ristagni idrici o lunghi periodi di secco possono causare sofferenza radicale e blocchi temporanei dello sviluppo vegetativo. Controllare regolarmente umidità e drenaggio aiuta quindi a mantenere condizioni più favorevoli.

Anche la luce svolge un ruolo fondamentale. Una **scarsa illuminazione** tende spesso a rallentare la crescita e a indebolire progressivamente la vegetazione. Nei mesi invernali, posizionare la pianta nella zona più luminosa della casa permette generalmente di limitare questo problema.

Dal punto di vista operativo, è utile osservare la pianta dopo ogni cambiamento importante. Caduta di foglie, perdita di vigore o rallentamenti improvvisi possono indicare difficoltà di adattamento alle nuove condizioni ambientali.

Anche eccessi di concimazione possono provocare stress inutili. Molti principianti cercano di stimolare rapidamente la crescita aumentando fertilizzanti o irrigazioni, ma interventi troppo intensi rischiano spesso di peggiorare ulteriormente la situazione.

Accorgimenti utili per evitare stress e blocchi di crescita:

- **Nuovi germogli:** da controllare per valutare vigore della pianta

- **Stress ambientale:** favorito da cambiamenti troppo bruschi

- **Temperatura interna:** da mantenere il più possibile stabile

- **Coltivazione in vaso:** richiede attenzione a drenaggio e umidità

- **Scarsa illuminazione:** può rallentare la crescita vegetativa

- **Ristagni idrici:** causa frequente di sofferenza radicale

- **Concimazione eccessiva:** può aumentare lo stress della pianta

Molti blocchi di crescita degli agrumi possono essere evitati semplicemente mantenendo condizioni ambientali più stabili e controllando regolarmente luce, irrigazione e temperatura. Una gestione graduale e costante aiuta spesso la pianta a recuperare vigore in modo naturale.

X. Raccolta e Conservazione: Quando e Come Raccogliere gli Agrumi

1. Riconoscere il Momento della Raccolta

Raccogliere gli agrumi nel momento corretto permette di ottenere frutti più saporiti, succosi e ben sviluppati. Uno degli errori più comuni tra i principianti consiste nel basarsi esclusivamente sul colore della buccia senza valutare altri segnali importanti legati alla maturazione. Per questo motivo, osservare attentamente aspetto, consistenza e sviluppo del frutto aiuta a capire quando effettuare la raccolta nel modo più corretto.

Uno degli indicatori più utili riguarda proprio il cambiamento della **colorazione della buccia**. Con la maturazione, molti agrumi passano progressivamente dal verde a tonalità più intense e uniformi. Tuttavia, il colore da solo non sempre garantisce che il frutto abbia raggiunto il miglior livello di maturazione interna, soprattutto in alcune varietà coltivate in ambienti particolari.

Dal punto di vista pratico, è utile controllare anche la **consistenza del frutto**. Un agrume pronto per la raccolta tende generalmente a risultare più pieno, compatto e leggermente morbido alla pressione leggera delle dita. Frutti ancora molto duri possono invece indicare **maturazione incompleta**.

Anche le **dimensioni regolari** rappresentano un elemento importante da osservare. Ogni varietà possiede caratteristiche specifiche, ma in generale frutti molto piccoli o sviluppati in modo irregolare potrebbero non aver completato correttamente la fase di maturazione.

Nella **coltivazione in vaso**, condizioni ambientali come luce, irrigazione e temperatura possono influenzare leggermente i tempi di raccolta. Alcuni agrumi coltivati in appartamento o in serra possono infatti maturare più lentamente rispetto alle piante coltivate all'esterno.

Dal punto di vista operativo, è utile controllare periodicamente i frutti senza attendere troppo a lungo dopo la maturazione completa. Lasciare gli agrumi eccessivamente sulla pianta può talvolta causare perdita di consistenza o peggioramento della qualità interna.

Anche il **peso del frutto** rappresenta spesso un buon indicatore pratico. Agrumi maturi tendono generalmente a risultare più pesanti rispetto alle loro dimensioni grazie al maggiore contenuto di succo all'interno della polpa.

Durante la raccolta è importante evitare strappi bruschi ai rami o alla vegetazione. Utilizzare **forbici pulite** oppure staccare delicatamente il frutto aiuta a limitare danni alla pianta e riduce il rischio di ferite sui rami produttivi.

Segnali utili per riconoscere il momento della raccolta:

- **Colorazione della buccia:** da osservare insieme ad altri segnali

- **Consistenza del frutto:** leggermente morbida ma non eccessiva

- **Dimensioni regolari:** spesso indice di maturazione corretta

- **Coltivazione in vaso:** può rallentare i tempi di maturazione

- **Peso del frutto:** generalmente maggiore nei frutti maturi

- **Forbici pulite:** utili per evitare danni durante la raccolta

- **Maturazione incompleta:** frequente nei frutti raccolti troppo presto

Molti agrumi raggiungono il miglior equilibrio tra sapore e consistenza solo quando vengono raccolti nel momento corretto. Osservare con attenzione colore, peso e consistenza dei frutti permette spesso di ottenere raccolti più soddisfacenti e di migliore qualità.

2. Tecniche di Raccolta Sicure

Raccogliere correttamente gli agrumi aiuta non solo a preservare la qualità dei frutti, ma anche a mantenere la pianta più sana e produttiva nel tempo. Una raccolta eseguita in modo frettoloso o aggressivo può infatti causare danni ai rami, ferite alla vegetazione e deterioramento più rapido dei frutti raccolti. Per questo motivo, utilizzare tecniche semplici ma corrette permette di lavorare in modo più sicuro ed efficace.

Uno degli aspetti più importanti riguarda il modo in cui il frutto viene staccato dalla pianta. Tirare con forza o strappare direttamente gli agrumi può danneggiare i **rami produttivi** e creare piccole ferite che rendono la pianta più vulnerabile. Nella maggior parte dei casi è preferibile utilizzare **forbici pulite** oppure effettuare una leggera rotazione del frutto fino al distacco naturale.

Dal punto di vista pratico, è utile raccogliere gli agrumi con calma evitando movimenti bruschi della chioma. Durante la raccolta, soprattutto nelle piante coltivate in vaso, urti eccessivi possono causare caduta di foglie o rottura di rami più sottili.

Anche il momento della giornata può influenzare la raccolta. In presenza di forte caldo o sole molto intenso, i frutti possono risultare più delicati e perdere più rapidamente freschezza. Effettuare la raccolta nelle ore più fresche della giornata aiuta generalmente a mantenere migliore qualità del raccolto.

Nella **coltivazione in vaso**, è importante verificare anche la stabilità della pianta durante la raccolta. Vasi troppo leggeri o collocati in posizioni poco stabili possono muoversi facilmente mentre si staccano i frutti, aumentando il rischio di danneggiamenti accidentali.

Anche la gestione dei frutti raccolti richiede attenzione. Accumularli in modo disordinato o comprimerli eccessivamente può provocare ammaccature e deterioramento più rapido della buccia. Utilizzare contenitori puliti e non troppo profondi aiuta generalmente a conservare meglio gli agrumi appena raccolti.

Dal punto di vista operativo, è utile controllare sempre lo stato dei frutti prima della raccolta. Agrumi con segni evidenti di marciume, muffe o danni importanti dovrebbero essere separati rapidamente dagli altri per evitare peggioramenti durante la conservazione.

Anche la pulizia degli strumenti utilizzati durante la raccolta rappresenta un aspetto importante. Lame sporche o ossidate possono infatti causare tagli meno precisi e aumentare il rischio di danneggiare i tessuti vegetali.

Accorgimenti utili per una raccolta sicura degli agrumi:

- **Rami produttivi:** da proteggere evitando strappi bruschi

- **Forbici pulite:** utili per effettuare tagli più precisi

- **Chioma:** da muovere delicatamente durante la raccolta

- **Coltivazione in vaso:** richiede attenzione alla stabilità del contenitore

- **Frutti ammaccati:** tendono a deteriorarsi più rapidamente

- **Contenitori puliti:** utili per conservare meglio il raccolto

- **Tagli precisi:** aiutano a limitare danni alla vegetazione

Molti danni ai frutti e alla pianta possono essere evitati semplicemente attraverso una raccolta più attenta e ordinata. Piccoli accorgimenti pratici permettono spesso di mantenere migliore qualità del raccolto e maggiore salute della vegetazione nel tempo.

3. Conservare Correttamente i Frutti

Conservare correttamente gli agrumi dopo la raccolta aiuta a mantenere più a lungo freschezza, consistenza e qualità della polpa. Anche frutti raccolti nel momento giusto possono deteriorarsi rapidamente se conservati in ambienti poco adatti oppure accumulati senza attenzione. Per questo motivo, gestire correttamente temperatura, umidità e disposizione dei frutti permette spesso di prolungarne la durata senza particolari difficoltà.

Uno degli aspetti più importanti riguarda la selezione iniziale degli agrumi raccolti. **Frutti ammaccati**, tagliati o con segni evidenti di deterioramento dovrebbero essere separati rapidamente dagli altri. Anche piccole lesioni della buccia possono infatti accelerare comparsa di muffe e peggiorare più velocemente la qualità interna del frutto.

Dal punto di vista pratico, è utile conservare gli agrumi in ambienti freschi, asciutti e ben ventilati. Temperature troppo elevate tendono ad accelerare maturazione e perdita di consistenza, mentre ambienti eccessivamente umidi possono favorire comparsa di **muffe superficiali** e deterioramento della buccia.

Anche il modo in cui i frutti vengono sistemati influenza molto la conservazione. Accumulare troppi agrumi uno sopra l'altro può provocare pressione e formazione di **schiacciamenti della buccia**, soprattutto nelle varietà con scorza più delicata. Utilizzare **contenitori poco profondi** aiuta generalmente a mantenere migliore qualità del raccolto.

Nella **conservazione domestica**, è importante controllare periodicamente lo stato dei frutti. Eliminare rapidamente agrumi deteriorati o troppo maturi permette infatti di limitare diffusione di muffe e problemi agli altri frutti conservati nello stesso contenitore.

Anche la pulizia dei contenitori utilizzati rappresenta un aspetto importante. Residui organici, **umidità stagnante** o sporco accumulato possono favorire comparsa di cattivi odori e peggiorare le condizioni di conservazione.

Dal punto di vista operativo, è utile evitare di lavare gli agrumi molto tempo prima del consumo, soprattutto se devono essere conservati per diversi giorni. Umidità residua sulla buccia può infatti aumentare il rischio di deterioramento più rapido.

Anche la posizione dei frutti durante la conservazione merita attenzione. Lasciare gli agrumi esposti a **fonti di calore**, luce diretta o ambienti molto chiusi tende generalmente a ridurre la durata del raccolto e peggiorare consistenza e sapore della polpa.

Accorgimenti utili per conservare gli agrumi:

- **Frutti ammaccati:** da separare rapidamente dagli altri

- **Muffe superficiali:** favorite da ambienti troppo umidi

- **Schiacciamenti della buccia:** frequenti in contenitori troppo pieni

- **Contenitori poco profondi:** utili per limitare danni ai frutti

- **Conservazione domestica:** richiede controlli periodici

- **Umidità stagnante:** può accelerare il deterioramento

- **Fonti di calore:** da evitare durante la conservazione

Molti agrumi possono mantenersi freschi e di buona qualità per diversi giorni o settimane se conservati in condizioni corrette. Piccoli controlli regolari e una disposizione ordinata dei frutti permettono spesso di ridurre sprechi e mantenere migliore qualità del raccolto.

4. Utilizzare gli Agrumi Freschi in Casa

Gli agrumi raccolti direttamente dalla pianta possono essere utilizzati in molti modi all'interno della cucina domestica, mantenendo profumo, sapore e freschezza spesso superiori rispetto ai frutti conservati a lungo. Utilizzare rapidamente gli agrumi appena raccolti permette inoltre di valorizzare meglio qualità della polpa, succo e scorza. Per questo motivo, conoscere alcune semplici modalità di utilizzo e conservazione aiuta a sfruttare al meglio il raccolto domestico.

Uno degli aspetti più apprezzati riguarda l'utilizzo del **succo fresco**. Limoni, arance e altri agrumi appena raccolti tendono generalmente a conservare **aroma intenso** e maggiore fragranza rispetto ai prodotti conservati per lungo tempo. Utilizzare il succo poco dopo la raccolta permette quindi di ottenere risultati migliori sia nelle bevande sia nelle preparazioni alimentari.

Anche la **scorza degli agrumi** rappresenta una parte molto utile del frutto. Se la buccia è sana e non presenta trattamenti particolari, può essere impiegata per aromatizzare dolci, bevande o preparazioni salate. Dal punto di vista pratico, è importante effettuare un **lavaggio accurato** dei frutti prima dell'utilizzo della scorza.

Nella gestione domestica del raccolto, è utile utilizzare per primi gli agrumi più maturi o leggermente più delicati. Questo aiuta a limitare sprechi e permette di consumare i frutti quando consistenza e qualità risultano ancora ottimali.

Anche la preparazione del **succo filtrato** richiede alcune attenzioni pratiche. Utilizzare strumenti puliti e consumare il succo entro tempi relativamente brevi aiuta generalmente a mantenere migliore sapore e freschezza.

Dal punto di vista operativo, è utile controllare periodicamente i frutti conservati in casa. **Agrumi ammaccati**, con piccole lesioni o segni di deterioramento dovrebbero essere utilizzati rapidamente oppure eliminati se ormai compromessi.

Anche la conservazione della scorza merita attenzione. In alcuni casi può essere utile preparare **scorza essiccata** per utilizzi successivi in cucina. Questo permette di ridurre sprechi e valorizzare meglio tutto il raccolto disponibile.

Durante l'utilizzo domestico degli agrumi, è importante evitare **contenitori sporchi** o superfici umide che potrebbero accelerare deterioramento e perdita di qualità del frutto.

Utilizzi pratici degli agrumi freschi in casa:

- **Succo fresco:** generalmente più aromatico dopo la raccolta

- **Aroma intenso:** caratteristica tipica degli agrumi appena raccolti

- **Scorza degli agrumi:** utile per aromatizzare diverse preparazioni

- **Lavaggio accurato:** importante prima dell'utilizzo della buccia

- **Succo filtrato:** da consumare preferibilmente in tempi brevi

- **Agrumi ammaccati:** da utilizzare rapidamente

- **Scorza essiccata:** utile per ridurre sprechi del raccolto

Molti agrumi coltivati in casa possono offrire ottima qualità e grande versatilità in cucina se utilizzati correttamente dopo la raccolta. Piccoli accorgimenti nella gestione quotidiana permettono spesso di valorizzare meglio sapore, aroma e freschezza dei frutti.

5. Preparare i Frutti per il Trasporto

Preparare correttamente gli agrumi per il **trasporto** aiuta a mantenere migliore qualità dei frutti ed evitare danni durante gli spostamenti. Anche raccolti ben eseguiti possono infatti perdere rapidamente valore se gli agrumi vengono accumulati senza attenzione oppure trasportati in contenitori poco adatti. Per questo motivo, organizzare correttamente disposizione, protezione e gestione dei frutti permette di ridurre ammaccature e deterioramento della buccia.

Uno degli aspetti più importanti riguarda la selezione iniziale dei frutti. **Agrumi ammaccati**, troppo maturi o con segni evidenti di deterioramento dovrebbero essere separati prima del trasporto. Anche piccole lesioni della buccia possono peggiorare rapidamente durante gli spostamenti e compromettere qualità e conservazione del **raccolto**.

Dal punto di vista pratico, è utile utilizzare **contenitori rigidi** e sufficientemente stabili. Scatole troppo morbide o recipienti deformabili tendono infatti ad aumentare il rischio di schiacciamenti e danni ai frutti più delicati.

Anche la disposizione degli agrumi all'interno del contenitore richiede attenzione. Accumulare troppi frutti uno sopra l'altro può provocare pressione e formazione di **schiacciamenti della buccia**, soprattutto durante trasporti più lunghi o **movimentazioni frequenti**.

Nella gestione domestica del raccolto, è utile evitare movimenti bruschi dei contenitori durante il trasporto. Vibrazioni continue, urti o cambiamenti improvvisi di posizione possono infatti accelerare comparsa di ammaccature e deterioramento della **polpa interna**.

Anche la temperatura durante il trasporto può influenzare la qualità degli agrumi. Lasciare i frutti troppo a lungo in ambienti molto caldi o esposti a **fonti di calore** tende generalmente a ridurre freschezza e consistenza della polpa.

Dal punto di vista operativo, è utile controllare periodicamente lo stato del raccolto dopo il trasporto, soprattutto nei casi di spostamenti più lunghi. Eliminare rapidamente eventuali frutti deteriorati aiuta a limitare peggioramenti e diffusione di muffe durante la conservazione successiva.

Anche la pulizia dei contenitori utilizzati rappresenta un elemento importante. Residui organici, sporco o **umidità residua** possono infatti favorire cattivi odori e aumentare il rischio di deterioramento della buccia.

Accorgimenti utili per preparare gli agrumi al trasporto:

- **Agrumi ammaccati:** da separare prima del trasporto
- **Contenitori rigidi:** utili per limitare schiacciamenti
- **Schiacciamenti della buccia:** frequenti nei contenitori troppo pieni
- **Movimentazioni frequenti:** possono aumentare i danni ai frutti
- **Polpa interna:** delicata durante urti e vibrazioni
- **Fonti di calore:** da evitare durante il trasporto
- **Umidità residua:** può favorire deterioramento e cattivi odori

Molti agrumi riescono a mantenere buona qualità anche dopo il trasporto se vengono preparati e sistemati correttamente.
Piccoli accorgimenti pratici nella gestione dei contenitori e dei frutti permettono spesso di ridurre danni e mantenere migliore freschezza del raccolto.

6. Migliorare Progressivamente la Produzione

Migliorare la produzione degli agrumi richiede soprattutto continuità nella gestione della pianta e capacità di osservare nel tempo i risultati ottenuti. Nella maggior parte dei casi, produzioni più abbondanti e frutti di migliore qualità non dipendono da interventi estremi, ma da piccoli miglioramenti costanti nelle tecniche di coltivazione. Per questo motivo, controllare regolarmente salute della pianta, qualità del terreno ed equilibrio generale dell'ambiente aiuta spesso a ottenere raccolti più soddisfacenti stagione dopo stagione.

Uno degli aspetti più importanti riguarda la regolarità delle cure. Irrigazioni troppo irregolari, periodi di forte secco oppure eccessi improvvisi di acqua possono infatti influenzare negativamente sviluppo e qualità dei frutti. Una gestione più stabile dell'**irrigazione controllata** permette generalmente alla pianta di mantenere crescita più equilibrata.

Anche la qualità della **potatura stagionale** influisce molto sulla produzione. Eliminare rami secchi, vegetazione troppo fitta o parti poco produttive aiuta infatti la pianta a distribuire meglio energia e risorse durante le fasi di crescita e fruttificazione.

Dal punto di vista pratico, è utile osservare attentamente la risposta dell'agrume dopo ogni stagione produttiva. Dimensioni dei frutti, quantità del raccolto e vigore della vegetazione possono offrire indicazioni molto utili per capire quali aspetti della coltivazione migliorare.

Nella **coltivazione in vaso**, il controllo del substrato assume particolare importanza nel lungo periodo. Terreni impoveriti, troppo compatti o con drenaggio insufficiente possono rallentare progressivamente crescita e produttività della pianta.

Anche la gestione della **concimazione equilibrata** contribuisce a migliorare la qualità del raccolto. Eccessi di fertilizzanti non aumentano automaticamente la produzione e, in alcuni casi, possono creare squilibri vegetativi o crescita poco stabile.

Dal punto di vista operativo, è utile mantenere una certa continuità nelle abitudini di coltivazione. Cambiare continuamente posizione della pianta, irrigazione o modalità di gestione rende infatti più difficile capire quali condizioni funzionano meglio.

Anche l'osservazione dei **nuovi germogli** rappresenta un buon indicatore della salute generale dell'agrume. Una vegetazione vigorosa, compatta e ben distribuita tende spesso a favorire migliore produzione nelle stagioni successive.

Accorgimenti utili per migliorare progressivamente la produzione:

- **Irrigazione controllata:** importante per mantenere crescita equilibrata

- **Potatura stagionale:** utile per favorire sviluppo più ordinato

- **Coltivazione in vaso:** richiede controllo costante del substrato

- **Concimazione equilibrata:** aiuta qualità e stabilità della produzione

- **Nuovi germogli:** indicano vigore generale della pianta

- **Terreno compatto:** può rallentare crescita e produttività

- **Osservazione stagionale:** utile per correggere gradualmente la gestione

Molti agrumi migliorano la propria produttività soprattutto attraverso cure costanti e gestione regolare nel tempo. Piccoli interventi ben eseguiti permettono spesso di ottenere raccolti più abbondanti e piante più sane stagione dopo stagione.

🎁 Scegli il tuo libro gratuito

Grazie per aver letto uno dei nostri libri.

Come regalo esclusivo per i lettori, potete scegliere **un libro** dal catalogo di **Testi Creativi**.

Scansiona il QR code e segui le istruzioni per richiedere il tuo libro gratuito.

Promo riservata ai lettori.

www.ingramcontent.com/pod-product-compliance
Lightning Source LLC
Chambersburg PA
CBHW052354220526
45465CB00003BA/1096